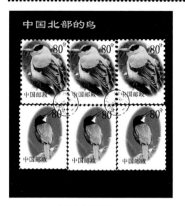

方联邮票

邮票

大红西红柿

水晶图标

七彩鹦鹉像框

金鱼路径

蝴蝶文字

图案效果

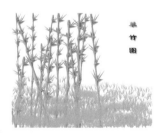

翠竹图

封面设计

梦幻猫

一篮水果

光盘

标志设计

渐变按钮

小区标志 4

金鱼

汽车设计赛

奥运北京

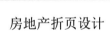

房地产折页设计

小区标志

报纸房地产设计

演唱会海报设计

中等职业教育"十二五"规划教材

中职中专计算机类教材系列

Photoshop 平面设计与实训

甄慕华 张 伶 等 编著

科学出版社

北 京

内 容 简 介

本书共 7 章,介绍了平面设计基础,Photoshop 8 常用工具与路径应用实例,图层、蒙版与通道应用实例,图像处理综合应用实例,报纸广告设计实例,海报设计实例,宣传折页广告设计,让学生通过典型实例学习掌握 Photoshop 的基础知识,通过同步练习、提高练习和拓展练习学会用 Photoshop 进行平面设计,提高设计技能。

本书可作为中等职业学校计算机专业学生的教材,也可作为计算机培训班的教材及平面设计人员的参考书。

图书在版编目(CIP)数据

Photoshop 平画设计与实训/甄慕华,张伶等编著. —北京:科学出版社,2008

(中等职业教育"十二五"规划教材·中职中专计算机类教材系列)

ISBN 978-7-03-021576-5

Ⅰ.P⋯ Ⅱ. ①甄⋯ ②张⋯ Ⅲ.图形软件,Photoshop-专业学校-教材 Ⅳ.TP391.41

中国版本图书馆 CIP 数据核字(2008)第 046928 号

责任编辑:陈砺川 / 责任校对:赵 燕
责任印制:吕春珉 / 封面设计:耕者设计工作室

科 学 出 版 社 出版

北京东黄城根北街 16 号
邮政编码:100717
http://www.sciencep.com

北京中科印刷有限公司 印刷
科学出版社发行 各地新华书店经销

＊

2008 年 6 月第 一 版　　　开本:787×1092　1/16
2020 年 11 月第七次印刷　　印张:11 1/2 彩插:1
字数:261 000
定价:35.00 元
(如有印装质量问题,我社负责调换〈中科〉)
销售部电话 010-62134988　编辑部电话 010-62135763-8203

前　言

随着计算机技术的飞速发展，计算机图像处理技术已被广泛应用于美术、广告、印刷、出版、网络等领域，很多大专院校、中等职业学校也开设了相关的课程。

Photoshop 是 Adobe 公司开发的著名的图像处理软件，功能强大，是平面设计中使用最多的软件之一。本书较为系统地介绍 Photoshop CS 的图像处理技术，每一章都先给出了本章需要掌握的知识，然后用典型实例引导学生进行学习，在每一个实例操作之后都设计了同步练习，以对所学内容加以巩固，还设计了提高练习、拓展练习，帮助读者提高技能，最后有习题，以考查、巩固所学知识的实际操作能力。

本书用实例的形式引出，让学生在轻松学习基础知识的同时，学会如何使用 Photoshop，学会平面设计技术，学会有关操作技能，既方便老师教学，也利于学生掌握。

本书编写分工如下，修黎明和甄慕华编写第 1 章，甄文斌和甄慕华编写第 2 章，钟克英编写第 3 章，甄慕华编写第 4 章和第 5 章，梁建林编写第 6 章，张伶和黄杰斌编写第 7 章，何志英参与了本书的整理工作。在此表示衷心的感谢。

需要本书配套素材的读者，可以向编者索取（muhuazhen@126.com），或在 www.abook.cn 下载。

在编写本书的过程中，我们参考了国内外的文献资料，在此一并致谢。

由于水平有限，书中难免存在一些疏漏，恳请广大读者批评指正。

目　　录

第1章

平面设计基础

本章应知

- ◆ 了解平面构成的概念
- ◆ 了解点、线、面的特点
- ◆ 掌握平面构成的几种基本形式
- ◆ 掌握形式美的基本法则
- ◆ 掌握色彩的产生、色彩的性质、色彩的模式及色彩的心理作用

本章应会

- ◆ 能运用平面构成知识来合理布局版面
- ◆ 运用不同的构成手法来组织图文的设计与编排
- ◆ 能根据设计的需要灵活选用合适的色彩表达

项目一　平面构成与形象的元素

知识 1.1　平面构成的概念

构成是创造形态的方法，研究如何创造形象，形与形之间怎样组合，以及形象排列的方法，可以说是研究形象的科学。构成又可分为平面构成、立体构成、色彩构成三大类型。

平面构成是设计中最基本的训练，是在平面上按一定的原理设计、策划的多种视觉形式。

知识 1.2　形象的元素

点、线、面是形象的基本形式。点虽有位置、大小，但没有方向，点的移动便形成线。线是点运动的轨迹。线的移动便形成面。

1. 点的形象

图 1.1　点的构成

点表示位置，它既无长度也无宽度，是最小的单位。在平面构成中，点的概念只是一个相对的，它在对比中存在，通过比较显现。例如，近看一头牛很大，当它在广阔的草原中吃草时，就成为草原里的一个点。

现实中的点是各式各样的，并不限于圆形，它可以是正方形、三角形、多边形或其他种种的不规则形。

点是视觉中心，也是力的中心。当画面上有一个点时，人们的视线就集中在这个点上，如图 1.1 所示。

2. 线的形象

线是点移动的轨迹。线的类型十分复杂，但直线和曲线是最基本的线形。线在平面构成中有着重要的作用。不同的线有着不同的感情性格，中国画中的线条将它的变化体现得淋漓尽致。

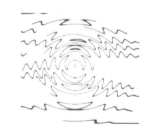

图 1.2　线的构成

线还有很强的心理暗示作用，直线表示静，曲线表示动；曲折线则有不安定的感觉；斜线有运动、速度之感；粗线有力，给人厚重、粗笨的感觉；细线锐利，有一种纤细、神经质的感觉，如图 1.2 所示。

图 1.3　点线面的构成

3. 面的形象

如图 1.3 所示，面是线的连续移动至终结而形成的。面有长度、宽度，没有高度。面有规则面和不规则面之分。不同形态上的面在视觉上有不同的作用和特征。规则面有简洁、明了、安定和秩序的感觉；自由面则有轻松、生动、灵活多变的感觉。

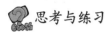 思考与练习

简述平面构成的基本要素，并分别做点、线、面的构成练习，规格为 20cm×20cm。

知识 1.3　图与底

在平面上，形象常称之为"图"，而其周围的空间被称之为"底"。但是，图与底的关系并非都是清楚的，而常常发生混淆，如图 1.4 所示。

图 1.4　图底转换

项目二　平面构成的基本形式

平面构成是使形象有组织、有秩序地进行排列、组合、分解，因此它必须遵循一种原则和设计形式。

图 1.5　重复构成

知识 1.4　重复构成

完全相同的形象在二维平面里反复排列，就称为重复构成，它表现为形象的连续性，呈现出和谐统一、富有整体感的视觉效果。生活中的重复现象很多，例如：建筑中排列整齐的窗户，室内的天花板、地砖等，如图 1.5 所示。

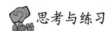 思考与练习

作一幅重复构成图的练习，规格为 20cm×20cm。

知识 1.5　近似构成

近似构成是指近似的形象在二维平面里反复排列所造成的视觉形式，如图 1.6 所示。近似构成要求基本形的大体形式相近，局部加以区别和变化，在重复构成严谨、规则的基础上，保持了一定的秩序感，但更加灵活与丰富。在自然形象中，近似的现象到处可见，凡属同类的自然现象均可称为近似现象，如鸡、鸭、鹅等。

图 1.6　近似构成

思考与练习

近似与重复有什么相同与不同的地方。作一幅 20cm×20cm 的近似构成练习。

知识 1.6　渐变构成

渐变构成是指基本形逐渐地、有规律地循序变化，它会发生节奏感和韵律感。渐变是一种符合发展规律的自然现象，例如路旁的树木由近到远、由大到小的变化，月亮的盈亏，生命的历程等，这些都是有秩序的渐变现象，如图 1.7 所示。

图 1.7　渐变构成

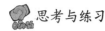思考与练习

自然界里还有哪些渐变现象？作一幅 20cm×20cm 的渐变构成练习。

图 1.8　发射构成

知识 1.7　发射构成

发射是渐变的一种特殊形式。发射是基本形环绕一个或多个中心点向外散开或向内集中。自然界的水花四溅、盛开的花朵，都属于发射的形式。发射有两个显著的特征：其一，发射具有很强的聚焦，这个焦点通常位于画面的中央；其二，发射有一种深邃的空间感，光学的动感，使所有的图形向中心集中或由中心向四周扩散，如图 1.8 所示。

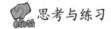思考与练习

发射构成有哪些特点？作一幅 20cm×20cm 的发射构成练习。

知识 1.8　特异构成

特异是在重复、近似、渐变、发射等形式规律做出突然改变而形成的，其表现特征是在普遍相同性质的事物中，有个别异质性的事物，改变会立即显现出来，形成视觉焦点，打破单调，以得到生动活泼的视觉效果，如图 1.9 所示。例如，"万绿丛中一点红"是一种色彩的特异现象，"鹤立鸡群"是一种形体的特异。

图 1.9　特异构成

思考与练习

特异在设计中能达到什么样的效果？作一幅 20cm×20cm 的特异构成练习。

知识 1.9　密 集 构 成

密集是一种较为自由的构成形式，它是将基本形态按疏与密、虚与实、松与紧、多与少、向心与扩散的方式进行组织而成的构成形式。生活中的密集现象很多，如山上的森林，天空中的星星，马路上的人群等，如图 1.10 所示。

图 1.10　密集构成

思考与练习

试画出几种基本形，并以其中一种作一幅密集构成图，规格为 20cm×20cm。

知识 1.10　对 比 构 成

对比是一种自由构成的形式，它是依据形态本身的大小、疏密、虚实、形状、色彩和肌理等方面的对比而构成的。使用对比时，须注意在画面中的某些因素具有统一其他诸因素的作用，以减少各种因素不必要的竞争，从而达到对比统一的目的。

思考与练习

说出5种以上的对比现象，作一幅20cm×20cm的对比构成练习。

知识 1.11　肌 理 构 成

肌理是指物体表面纹理。"肌"是皮肤，"理"是纹理、质感、质地。不同的质有不同的物理性，因而也就有不同的肌理形态，例如，光滑和粗糙、干和湿、软和硬等。肌理给人一各种感觉，并能加强形象的作用和感染力。

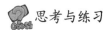
思考与练习

以不同的材料作 3 幅 20cm×20cm 的肌理构成图。

项目三　形式美的基本法则

图 1.11　调和

知识 1.12　调和

调和是由相同或相似的因素有规律的组合，把差异面的对比度降到最低限度，使构成的整体有明显的一致性，在视觉上会造成一种秩序感，从而带来一定的和谐与悦目，但过于一致也不免乏味与单调，如图 1.11 所示。

知识 1.13　对比

在构成中性质相反的要素组合在一起产生的视觉效果就是对比。对比是一种重要的形式美法则，对比产生变化，变化带来美感。对比的现象不仅是因色调明暗相异而发生，还有如大小、动静、垂直与水平、多与少、粗与细、疏与密等都属于对比的法则，如图 1.12 所示。

知识 1.14　对称

在某一图形的中央，假定有一条直线，使图分为等距离的左右两部分，并且使其形状相对时，这个图形称为左右对称。对称的形是表现安定感的最好造型，如图 1.13 所示。

图 1.12　对比　　　　图 1.13　对称

知识 1.15　平衡

在部分与部分重量或感觉的关系上，两者由一个支点支持，并获得力学的均衡状态时，称为平衡。在平面的构图上，是指质和量在视觉上所获得的平衡，并不是实际重量的均等。采用平衡构图的造型设计，具有安定与稳定感，如图 1.14 所示。

知识 1.16　韵律

韵律原是指诗歌、音乐中的声韵和节律。但也可用于美术设计上，例如几个部分或单位，以一定的间隔排列时，就会产生律动感。韵律能够给作品带来一种生气，具有一种跃动的美感，如图 1.15 所示。

图 1.14　平衡　　　　　　　　　　图 1.15　韵律

知识 1.17　比例

比例就是部分与部分或部分与全体之间的数量关系。一件平面设计作品要获得良好的效果，必须是内容的形、线、色彩等一切素材都要互相具有良好的比例关系才有效，如图 1.16 所示。

知识 1.18　统一

统一是通过关联、呼应、衬托达到基本关系的协调。为了避免单调呆板，就要统一中求变化；避免杂乱无章，就要变化中求统一，如图 1.17 所示。

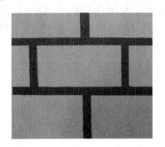

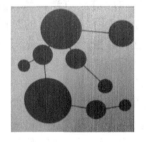

图 1.16　比例　　　　　　　　　　图 1.17　统一

同步练习

形式美的基本法则有哪些？它们各有什么特点？

项目四　色彩的使用

知识 1.19　色彩的产生

在黑暗中，我们看不到周围的形状和色彩，这是因为没有光线。如果在光线很好的

[]

情况下，有人却看不清色彩，这或是因为视觉器官不正常（例如色盲），或是眼睛过度疲劳的缘故。在同一种光线条件下，我们会看到同一种景物具有各种不同的颜色，这是因为物体的表面具有不同的吸收光线与反射光的能力，反射光不同，眼睛就会看到不同的色彩，因此，色彩的发生，是光对人的视觉和大脑发生作用的结果，是一种视知觉。由此看来，需要经过光—眼—神经的过程才能见到色彩。

1. 光的形式

光进入视觉通过以下三种形式：

1）光源光：光源发出的色光直接进入视觉，像霓虹灯、饰灯、烛灯等的光线都可以直接进入视觉。

2）透射光：光源光穿过透明或半透明物体后再进入视觉的光线，称为透射光，透射光的亮度和颜色取决于入射光穿过被透射物体之后所达到的光透射率及波长特征。

3）反射光：反射光是光进入眼睛的最普遍的形式，在有光线照射的情况下，眼睛能看到的任何物体都是该物体的反射光进入视觉所致。

2. 环境色与固有色

（1）环境色

我们日常所见到的非发光物体会呈现出不同的颜色。一个物体的色彩由它的表面色和投照光两个因素决定。例如，在白色日光的照射下，白色表面几乎反射全部光线，黑色表面几乎吸收全部光线，因此会呈现出白、黑不同的物体色。蓝色表面吸收日光中蓝以外的其他色光而反射蓝色光。当投照光由白色变为单色光时，情况就不同了，例如，同样是白色的表面，用绿光照射的时候因为只有一处绿色光可以反射，因此就会呈现绿的色彩，而红色表面由于没有红光可以反射，而把绿色的投照光吸收掉，因此呈现偏黑的颜色。

（2）固有色

固有色，通常是指物体在正常的白色日光下所呈现的色彩特征，如绿色的树叶，红色的花朵，黄色的香蕉等，由于它最具有普遍性，在我们的知觉中便形成了对某一物体的色彩形象的概念。然而，从实际方面来看，即使日光也是在不停地变化中，何况任何物体的色彩不仅受到投照光的影响，还会受到周围环境中各种反射光的影响。所以物体色并不是固定不变的。

即使在绘画中，固有色也具有很大的象征意义和现实性的表现价值，当画面的色彩以固有色的关系存在时，往往给人以现实主义的印象。而固有色的印象被抽象出来使用时，会具有象征的含义，如绿色是青草、庄稼和树叶的色彩，因此它常常被作为和平的象征用在许多具有象征意义的设计中。在具体的实用设计中，例如一个柠檬水果罐头的包装上，我们更是需要在柠檬的形象上加强它的固有色特征，以引起顾客对柠檬味道的联想，并产生获得它的欲望。

知识 1.20 明度、色相和纯度

视觉所感知的一切色彩形象，都具有明度、色相和纯度三种性质，这三种性质是色彩最基本的构成元素。

1. 明度

在无彩色中，明度最高的色为白色，明度最低的色为黑色，中间存在一个从亮到暗的灰色系列。在有彩色中，任何一种纯度色都有着自己的明度特征。例如，黄色为明度最高的色，处于光谱的中心位置，紫色是明度最低的色，处于光谱的边缘，一个彩色物体表面的光反射率越大，对视觉刺激的程度越大，看上去就越亮，这一颜色的明度就越高。

2. 色相

色相指的是色彩的相貌。在可见光谱上，人的视觉能感受到红、橙、黄、绿、蓝、紫这些不同特征的色彩，人们给这些可以相互区别的色定出名称，当我们称呼到其中某一色的名称时，就会有一个特定的色彩印象，这就是色相的概念。正是由于色彩具有这种具体相貌的特征，我们才能感受到一个五彩缤纷的世界。

如果说明度是色彩隐秘的骨骼，色相就很像色彩外表的华美肌肤。色相体现着色彩外向的性格，是色彩的灵魂。

红、黄、蓝三原色是色相环上最极端的色，它们不能由别的颜色混合而产生，却可以混合出色环上所有其他的色。红、黄、蓝表现了最强烈色相气质，它们之间的对比是最强的色相对比。如果一个色场是由两个原色或三个原色完全统治，就会令人感受到一种极强烈的色彩冲突，这样的色彩对比很难在自然界的色调中出现。它似乎更具有精神上的特征表现。世界上许多国家都选用原色作为国旗的色彩，如我国的五星红旗选用红底黄星图案。法国的国旗选用蓝、白、红三种色。

3. 纯度

纯度指的是色彩的鲜艳程度，它取决于一处颜色的波长单一程度。我们的视觉能辨认出的有色相感的色，都具有一定程度的鲜艳度，比如绿色，当它混入了白色时，虽然仍旧具有绿色相的特征，但它的鲜艳度降低了，明度提高了，成为淡绿色；当它混入黑色时，鲜艳度降低了，明度变暗了，成为暗绿色；当混入与绿色明度相似的中性灰时，它的明度没有改变，纯度降低了，成为灰绿色。

不同的色相不但明度不等，纯度也不相等，例如纯度最高的色是红色，黄色纯度也较高，但绿色就不同了，它的纯度几乎才达到红色的一半左右。

在人的视觉中所能感受的色彩范围内，绝大部分是非高纯度的色，也就是说，大量都是含灰的色，有了纯度的变化，才使色彩显得极其丰富。

知识 1.21 颜色模式

1. 颜色模式

通常我们使用的计算机显示器屏幕上所显示的颜色变化很大，受周围光线、显示器和房间温度的影响，只有准确校正的显示器才能正确地显示颜色。

计算机是通过数字化方式定义颜色特性的，通过不同的色彩模式显示图像，比较常用的色彩模式有 RGB 模式、CMYK 模式、Lab 模式、Crayscale 灰度模式、Bitmap 模式。

（1）RGB 模式

图 1.18　白色

RGB 模式是 Photoshop 中最常用的一种色彩模式，不管是扫描输入的图像，还是绘制的图像，几乎都是以 RGB 的模式存储的。这是因为在 RGB 模式下处理图像较为方便的原因；而且 RGB 的图像比 CMYK 图像文件要小得多，可以节省内存和空间。在 RGB 模式下还能够使用 Photoshop 中的所有命令和滤镜。

RGB 模式的配色原理是加色混合法。

把红、绿、蓝三种颜色叠加起来可以得到白色，如图 1.18 所示，显示器和扫描仪采用有色光，通过把不同量的红、绿、蓝三种分量组合起来，就可以在这些设备上产生各种颜色。显示器的显像过程就是加色原理的例子。

在 RGB 模式下，第一个像素由 24 位的数据表示，可以生成 1677 万种颜色，也就是平时我们常说的真彩色。

（2）CMYK 模式

CMYK 模式的配色原理是减色混合法。

颜料有选择地吸收一些颜色的光，并反射其他一些颜色的光。由于青色、品红色和黄色吸收与其互补的加性原色，所以这几种颜色叫做减性彩色。彩色印刷设备利用减性原色产生各种色彩。颜料的色彩取决于所能吸收和反射的光的波长。颜料及印刷油墨等就是减色原理的例子。彩色印刷通常是使用黄（Y）、品（M）、青（C）三色油墨及黑色（K）油墨来完成的，黑色油墨常被用以加重暗调、强调细节、补偿彩色前面颜料的不足。

在处理图像时，我们一般不采用 CMYK 模式，因为这种模式文件大，并且很多滤镜都不能使用。通常是在印刷时才转换成这种模式。

（3）Lab 模式

Lab 模式的特点是在使用不同的显示器或打印设备时，它所显示的颜色都是相同的。

（4）Crayscale 灰度模式

Crayscale 灰度模式，计算机通常将灰度分为 256 级灰阶，一幅灰度图像在转成 CMYK 模式后可以增加彩色，但是如果将 CMYK 模式的彩色图像转为灰度模式，颜色不能恢复。

（5）Bitmap 位图模式

Bitmap 模式的像素只有黑或白，不能使用编辑工具，只有灰度模式才能转换成 Bitmap 模式。

2.　电脑屏幕的颜色

电脑屏幕的颜色是由红色（red）、绿色（green）和蓝色（blue）三种原色电子枪组成。

三色电子枪产生电子束，电子束中的电子打在涂在映像管内侧玻璃上的荧光质后，产生点状的色彩称为 Pixel。屏幕的 Pixel 能显示 256 灰阶色调。现在大多数的彩色屏幕是 24bit 系统，它能让电脑设计工作者表现 16.7 百万种色（256）。但是我们所看到的电脑屏幕上的颜色很有限，只是人类眼睛所能看得到的色彩光谱的一部分。并且因为诸多原因，计算机屏幕显色经常不准，如：

1）荧光粉的组成产生内在的颜色缺陷。

2）显示器色温高，接近色谱的蓝端，易于使显示结果偏蓝。

3）显示器玻璃的外形使观察和颜色异常。

4）电子所带电荷不同，会使显示器校准差，缺乏整体清晰性。

5）系统不稳定性会使在工作期间及显示器寿命期内产生意外的颜色偏移。

3. 颜色的定量

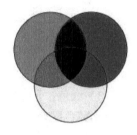

对于 RGB 彩色图像来说，Photoshop 为 RGB 中的每个组成成分指定了一个由 0（黑色）到 255（白色）的像素浓度值。例如，在一种亮红色中，可能 R 的值是 246，G 的值是 20，B 的值是 50。当这三种组成成分的值相同时，其结果是灰色阶梯；当三种成分的值都是 255 时，得到的是纯白色；当三种成分的值均为 0 时，得到的是纯黑色，如图 1.19 所示。

图 1.19　纯黑

在 CMYK 图像中，每个像素被指定一个百分比，而对应每一种处理油墨。最亮的颜色被指定的处理油墨颜色的百分比最小，而暗一些的颜色则具有较大的百分比。例如，一种亮红色可能含有 2% 的青色，93% 的品红色，90% 的黄色和 0% 的黑色，在 CMYK 图像中，当四种组成成分的百分比均为 0 时，就会产生纯白色；当四种成分的百分比均为 100% 时，则会得到纯黑色。

一个颜色系统的全区域，是一个既可被显示又可被印刷出来的彩色系列。RGB 彩色的全区域不同于 CMYK 颜色的全区域。当某些不能被打印出来的颜色被显示在屏幕上时（因为它们超出了 CMYK 颜色的全区域），它们被认为是"超区域"的颜色。

4. 彩色印刷分色 RGB-CMYK

由 RGB 的图像格式到 CMYK 格式的转换处理即彩色印刷分色。将屏幕显示用的 RGB 色彩转换成印刷或输出时需要的 CMYK 色彩是很复杂的过程。第一，并不是所有在屏幕上看到的色彩都可以被印刷出来，所以它必须在 RGB 中重新混合无法印在纸上的颜色。第二，因为是将一个三色显示的图像转为四色显示的图像，之中必须再加入黑色的混合。因此，虽然有许多从 RGB 转为 CMYK 的方法，但因为印刷油墨的颜料反应，使得屏幕上显示的效果与转变后的效果看起来仍有些不同。

知识 1.22　色彩及心理

1. 色彩的象征性

当我们看到不同的颜色时，心理会受到不同颜色的影响而发生变化。色彩本身是没有灵魂的,它只是一种物理现象。但我们长期生活在一个色彩的世界里,积累了许多视觉经验,一旦知觉经验与外来色彩刺激发生一定的呼应,就会在人的心理上引出某种情绪。这种变化虽然因人而异,但大多会有下列心理反应。

1)红色:给人的感受是强烈、热情、喜悦,也使人表现急躁与愤怒。红色色感刺激强烈,在色彩配合中常起着主色和重要的调和对比作用,是使用得最多的色。

2)黄色:代表明亮、年轻、光明、开朗,充满活力。浅黄色表示柔弱,灰黄色表示病态。黄色在纯色中明度最高,与红色色系的色配合产生辉煌华丽、热烈喜庆的效果,与蓝色色系的色配合产生淡雅宁静、柔和清爽的效果,如图 1.20 所示。

图 1.20　色彩效果图

3)绿色:是植物的色彩,象征着平静与安全,带灰褐绿的色则象征着衰老和终止。绿色和蓝色配合显得柔和宁静,和黄色配合显得明快清新。由于绿色的视认性不高,多为陪衬色彩使用。

4)蓝色:是天空的色彩,象征和平、安静、纯洁、理智。另一方面又有消极、冷淡、保守等意味。蓝色与红、黄等色运用得当,能构成和谐的对比调和关系,如图 1.21 所示。

5)橙色:秋天收获的颜色,鲜艳的橙色比红色更为温暖、华美,是所有色彩中最温暖的色彩。橙色象征快乐、健康、勇敢。

图 1.21　色彩运用效果

6)紫色:象征优美、高贵、尊严,另一方面又有孤独、神秘等意味。淡紫色有高雅和魔力的感觉,深紫色则有沉重、庄严的感觉。与红色配合显得华丽和谐,与蓝色配合显得华贵低沉,与绿色配合显得热情成熟,如图 1.22 所示。运用得当能构成新颖别致的效果。

图 1.22　配色效果

7)黑色:是暗色,是明度最低的非彩色,象征着力量,有时又意味着不吉祥和罪恶。能和许多色彩构成良好的对比调和关系，运用范围很广。

8）白色：表示纯粹与洁白的色，象征纯洁、朴素、高雅等。作为非彩色的极色，白色与黑色一样，与所有的色彩构成明快的对比调和关系，与黑色相配，构成简洁明确、朴素有力的效果，给人一种重量感和稳定感，有很好的视觉传达能力。

2. 色彩传达

色彩在广告表现中具有表现力强、冲击视觉的作用。它与公众的生理和心理反应密切相关，公众对广告的第一印象是通过色彩而得到的。艳丽、典雅、灰暗等色彩感觉，影响着公众对广告内容的注意力。

鲜艳、明快、和谐的色彩组合会对公众产生较好吸引力，陈旧、破碎的用色会导致公众产生"这是旧广告"，而不会引起注意。因此，色彩在平面广告上有着特殊的诉求力。

现代平面广告设计，是由色彩、图形、文案三大要素构成，图形和文案都不能离开色彩的表现，色彩传达从某种意义来说是第一位的。

设计师要用色彩表现出广告的主题和创意，充分展现色彩的魅力。首先必须认真分析研究色彩的各种因素，由于生活经历、年龄、文化背景、风俗习惯、生理反应有所区别，人们有一定的主观性，同时对颜色的象征性、情感性的表现，人们有着许多共同的感受。在色彩配置和色彩组调设计中，设计师要把握好色彩的冷暖对比、明暗对比、纯度对比、面积对比、混合调合、面积调合、明度调合、色相调合、倾向调合等等，色彩组调要保持画面的均衡、呼应和色彩的条理性，广告画面有明确的主色调，要处理好图形色和地色的关系。

 **本章习题**

1. 色彩是如何产生的？
2. 不同的颜色带给人怎样的心理反应？
3. 为什么电脑屏幕上的颜色显示经常不准？
4. 请你解释什么是明度、色相和纯度？
5. 你如何认识色彩传达？
6. 简述平面构成的基本形式。
7. 光有几种形式。
8. 什么是光源色？什么是固有色？什么是环境色？

 读书笔记

_____

_____

_____

常用工具与路径应用实例

本章应知

- ◆ 选区的画法与移动、选区的加减、选区的变换
- ◆ 渐变工具的使用方法
- ◆ 选取工具与移动工具的使用方法
- ◆ 路径的使用与修改方法
- ◆ 文字工具的使用与修改方法

本章应会

- ◆ 利用选框工具来设计制作小区标志
- ◆ 利用渐变工具制作立体图形、按钮和光盘
- ◆ 掌握不同选取工具的优缺点，并能灵活运用
- ◆ 能用路径勾选出图形图像的轮廓
- ◆ 能用路径画出图形

项目一 【选区】工具应用实例

本节我们利用工具栏中的【选框】工具制作"尚景"小区的标志,在制作过程中要注意选框区域的添加或相减的应用,注意选框区域的变换操作。

实例 2.1（典型实例） 生活小区标志 1

请你帮"尚景"生活小区设计一个标志牌,放在花草丛中,提醒行人"请勿随地吐痰,乱丢果皮烟头"。

实景图和设计效果图如图 2.1 和图 2.2 所示（参见"素材/第 2 章/小区标志实景 1 和"作品/第 2 章/小区标志 1"）。

图 2.1 小区标志实景 1

图 2.2 小区标志 1 效果图

 **解题思路**

1）利用【选框】工具来设计制作标志基本图形。
2）利用工具箱中的【文字】工具按钮输入文字。

 操作步骤

1）新建文件,宽度 640 像素,高度 480 像素,分辨率 72 像素/英寸,RGB 模式。
2）背景填充黑色（选设置前景色为黑色,然后按 Shift+F5 键填充）。
3）新建图层 1,用【矩形选框】工具画一矩形并填充黄色。
4）用键盘的上/下/左/右移动方向键,把矩形选框稍微向上向左偏移,然后按【多边形套索】工具,选中【从选区中减去】属性,画一个斜三角形,把矩形选框的左上角减去,如图 2.3 所示。最后填充红色,然后按 Ctrl+D 键取消选区,如图 2.4 所示。
5）用【椭圆选框】工具画一椭圆,填充白色。

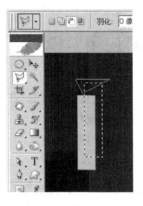

图 2.3　斜矩形画法

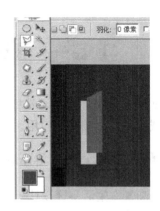

图 2.4　填充红色

6）单击【选择】菜单中的【变换选区】命令，在属性工具栏中设置水平缩放和垂直缩放均为 90%，如图 2.5 所示，然后按回车确认，并填充红色，然后按 Ctrl+D 键取消选区，如图 2.6 所示。

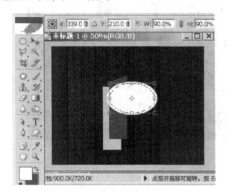

图 2.5　椭圆选区缩放

图 2.6　变换填充后效果

7）用【矩形选框】工具画一很扁的矩形作为横线，并填充白色，如图 2.7 所示。

8）最后用【横排文字】工具输入文字，如图 2.8 所示。

9）保存文件名为"小区标志 1.psd"。

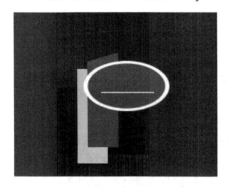

图 2.7　横线效果

图 2.8　文字效果

知识 2.1　Photoshop 的基本功能和特点

Photoshop 的功能十分强大，它可以支持几乎所有的图像格式和色彩模式，能同时进行多图层处理。它的绘画功能与选取功能使编辑图像变得十分方便。它的图像变形功能可用来制造特殊的视觉效果。此外，Photoshop 具有开放式的结构，能接受广泛的第三方软件的支持。Photoshop 具有以下功能。

1. 图像格式

1）支持多种高质量的图像格式，包括 PSD、EPS、TIF、JPG、BMP、PCX、FLM、PDF、PICT、GIF、PNTG、IFF、FPX、RAW 和 SCT 等 20 多种格式。

2）可以将任何格式的图像另存为其他格式的图像。

2. 图像尺寸、分辨率和裁剪

1）可以按要求任意调整图像的尺寸，可以在不影响分辨率的情况下改变图像尺寸。

2）可以在不影响尺寸的同时增减分辨率，以适应图像的要求。

3）裁剪功能可以很方便地选用图像的某部分内容。

3. 图层功能

1）支持多图层工作方式。

2）可以对图层进行合并、合成、翻转、复制和移动等操作。

3）特技效果可以作用在部分或全部的图层上。

4）调节层可以在不影响图像的同时，控制图层的色相、渐变和透明度等属性。

5）拖曳功能可以轻易地把图像中的层从一个图像复制到另一个图像中。

6）文字图层可以让文本内容和文本格式的修改更为方便。

4. 绘画功能

1）【加深】和【减淡】工具可以有选择地改变图像的曝光度。

2）【海绵】工具可以有选择性地增减色彩的饱和程度。

3）使用【喷枪】工具、【画笔】工具、【铅笔】工具、【直线】工具可以直接绘制图形。

4）使用【文字】工具可以在图像中添加文本，并进行不同格式的文本排版。

5）用户可以自行设定笔刷形状，设定笔刷的压力、笔刷边缘和笔刷的大小。

6）可以选择不同的渐变样式，产生多种渐变效果。

7）使用【图章】工具可以修改图像，复制图像某部分内容到其他图像的特定位置。

8）使用【模糊】、【锐化】和【涂抹】工具可以产生形象化的图像效果。

5. 选取功能

1）在图像内选取某一个颜色的范围，做成一个有渐变效果的蒙版。

2）快速蒙版功能可直接在图像上制作、修改及显示选择区域。

3）【矩形选区】工具和【椭圆选区】工具可以选取一个或多个不同尺寸大小和形状的选择范围。

4）【套索】工具可以选取不规则形状和大小的图形，使用【磁性套索】工具还可以模拟选择边缘像素的反差，自动定位选择区域，使范围选取变得更为简单易行。

5）【魔术棒】工具可以根据颜色范围自动选取所要部分。

6）羽化边缘功能可以用于混合不同图层之间的图像。

7）可以对选择区域进行移动、增减、变形、载入和保存等操作。

6. 色调和色彩功能

1）饱和度功能更容易调整图像的颜色和明暗度。

2）可选择性地调整色相、饱和度和明暗度。

3）根据输入的相对或绝对值，选色修正可使你分别调整每个色版或色层的油墨量。

4）取代颜色功能可帮助选取某一种颜色，然后改变其色调、饱和度和明暗度。

5）可分别调整暗部色调、中间色调和亮部色调。

7. 图像的旋转和变形

1）可以将图像按固定方向进行翻转和旋转，也可以按不同角度进行旋转。

2）可以将图像进行拉伸、倾斜和自由变形等处理。

3）改变图像分辨率时，有技巧地重组分辨率使之最大限度的满足输出效果。

8. 色彩模式

1）可有弹性地转换多种色彩模式，包括黑白、灰度、双色调、索引色、HSB、Lab、RGB 和 CMYK 模式等。

2）CMYK 预览功能可以在 RGB 模式下查看 CMYK 模式下的图像效果。

3）可利用多种调色板选择颜色。不但可以使用 Photoshop 提供的颜色表格，还可以自己定义颜色表格以方便选择颜色。

4）可利用 PANTONE 色混合制作高质量的双色调、三色调和四色调图像。

5）支持与设备无关的 CIELAB 颜色和 PANTONE、FOCOLTONE、TOYO、DIC 和 TRVMATCH 等颜色系统。

9. 开放式支持

1）支持 TWAIN32 界面，可接受广泛的图像输入设备，如扫描仪和数字照相机。

2）支持第三方滤镜的加入和使用，图像处理功能无限扩展。

知识 2.2   Photoshop 的工作界面

启动 Photoshop 后，将出现图 2.9 所示的画面。

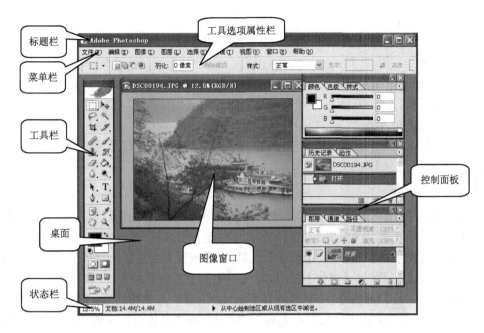

图 2.9　Photoshop 窗口图

从图 2.9 所示可以看出 Photoshop 的工作界面由多个部分组合而成，详细介绍如下。

（1）标题栏

它显示该应用程序的名字，当图像窗口最大化显示时，则会显示该图像的文件名及色彩模式和当前显示比例。

（2）菜单栏

共排列有 9 个菜单，其中每个菜单都带有一组自己的命令。菜单命令分为 4 种类型：

1）普通菜单命令：菜单上无特殊标记，只需单击菜单即可执行相应的操作。

2）子菜单命令：在菜单的右端带有一个小三角形图标，该类子菜单中还包含了多项命令选项。

3）对话框菜单命令：在菜单命令名称之后带有一个省略号(…)，单击此类命令将打开一个设置对话框。

4）开关命令：此类命令的特点是执行命令后，在命令名称左侧将加上一个选择标记。

（3）工具箱

它包含各种常用的工具，单击某一工具按钮就可以执行其相应的功能。

（4）工具选项属性栏

显示选定工具的各种属性。

（5）图像窗口

图像窗口即图像显示的区域，用于编辑和修改图像，对图像窗口可以进行放大、缩小和移动等操作。

（6）控制面板

窗口右侧的小窗口称为控制面板，用于配合图像编辑和 Photoshop 的功能设置。

（7）状态栏

窗口底部的横条称为状态栏，它能够提供一些当前操作的帮助信息。如当前图像的显示比例、当前图像文件的尺寸、下拉菜单及当前工具使用提示或工作状态。

（8）Photoshop 桌面

其中显示工具箱、控制面板和图像窗口，还可以双击桌面打开图像。

知识 2.3　工具箱

Photoshop 的工具箱分为几大类：【选区】工具（包括【选区】工具组、【套索】工具组、【魔术棒】工具）、【绘制】工具（包括【铅笔】工具组、【历史画笔】工具组、【笔刷】工具组、【橡皮擦】工具组、【渐变】工具组、【吸管】工具组）、编辑（包括【印章】工具组、【亮化】工具组、【模糊】工具组、【钢笔】工具组）和辅助工具（包括【移动】工具、【手形】工具、【放缩】工具、【注释】工具组、显示方式按钮组、【裁剪】工具等），包含了描绘、选择及编辑图像的各种重要工具，每一种工具都提供了特定的用途来创建、编辑图像及校正图像的色彩。理解每一种工具的功能、掌握每一种工具的使用方法是制作出高质量图像的关键。工具箱如图 2.10 所示。

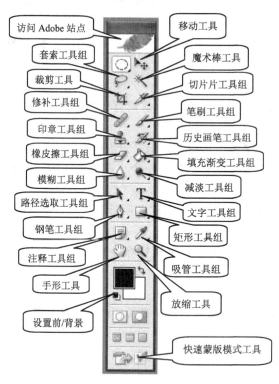

图 2.10　工具箱

要选取某工具，只需用鼠标按下要选取工具的按钮即可。

若工具按钮的右下角标有一个三角形图标，则表示此工具是此工具组中的一个，可以在工具按钮上单击鼠标左键或右键，打开一菜单，然后在该菜单中选择要切换到的工具项。

1）选区的画法。

① 按 Shift+矩形选框工具，画正方形。按 Shift+椭圆选框工具，画正圆。

② 选中【矩形选框】工具或【椭圆选框】工具后，同时按 Shift+Alt 键，并单击拖曳鼠标，从中心向外绘制出正方形或圆形选区。

2）选区的移动。

当画好选区后，仍然选中【选框】工具，在【新选区】属性下用鼠标点选选框区域即可移动选区，或者用键盘的上/下/左/右方向键也可移动选区。

3）选区的加减。

在【选框】工具属性中，如图 2.11 所示。

图 2.11　【选框】工具属性

新选区按钮：单击此按钮，当文件中已有选择区域时，在画面中再次创建选择区域，新创建的选择区域将会代替原有的选择区域。

添加到选区按钮：单击此按钮，当文件中已有选择区域时，新建的选择区域将与原选择区域合并为新的选择区域或者多个选择区域被同时保存在文件中。

从选区中减去按钮：单击此按钮，文件中具有选择区域时，在文件中再次创建选择区域，如果新创建的选择区域与原来的选择区域有相交部分，将从原选择区域中减去相交的部分，剩余的选择区域作为新的选区。

与选区交叉按钮：单击此按钮，文件中具有选择区域时，在文件中再次创建选择区域，如果新创建的选择区域与原来的选择区域有相交部分，将会把相交的部分作为新的选择区域。

4）选区的变换。

在【选择】菜单的【变换选区】命令中，可以进行选区位置的改变，选区长宽比例的缩放，旋转和斜切。属性面板如图 2.12 所示。

图 2.12　选区变换属性

同步练习

制作一个摆放在花草上的标志牌，用来介绍植物的名称。

实景图和设计效果图如图 2.13 和图 2.14 所示（参见"素材/第 2 章/小区标志实景 2"和"作品/第 2 章/小区标志 2"）。

图 2.13　小区标志实景 2 　　　　　　图 2.14　小区标志 2 效果图

 提　示

① 新建文件，宽度 640 像素，高度 480 像素，分辨率 72 像素/英寸，RGB 模式。

② 画椭圆选区并填充白色。

③ 把椭圆选区进行变换，变换时长与宽的比例不同，然后填充红色。

④ 再次进行选区变换，并填充白色。

⑤ 输入文字。

实例 2.2（提高实例）　生活小区标志 2

制作一个立在花草上的标志牌，用来介绍植物的名称。实景图和设计效果图如图 2.15 和图 2.16 所示（参见"素材/第 2 章/小区标志实景 3"和"作品/第 2 章/小区标志 3"）。

图 2.15　小区标志实景 3 　　　　　　图 2.16　小区标志 3 效果图

 解题思路

1）新建文件，宽度 640 像素，高度 480 像素，分辨率 72 像素/英寸，RGB 模式。

2）背景填充黑色。

3）新建矩形，并填充红色。

4）变换矩形选区，变短，并旋转-45 度，填充红色。

5）同理，完成圆形左边小矩形的制作。

6）通过【椭圆选区】与【多边形套索】工具的相减，做左边半圆形图形，并填充红色。

7）通过【椭圆选区】与【选区变换】工具做右边图形，并填充红色。

知识 2.4　数字图像的分类

在计算机中，图像是以数字方式来记录、处理和保存的，所以图像也可以说是数字化图像。图像类型大致可以归纳为以下两种：位图图像和矢量图像。

1. 位图图像

位图图像也叫点阵图像，即该图像是由许多不同颜色的点组成，这些点被称为像素。许多个像素组合在一起便产生了完整的图像。位图图像的优点是色彩丰富，色调变化丰富，表现自然逼真，可以自由地在各软件中转换；其缺点是图像信息量大，且在图像放大时会出现失真。图 2.17 所示为位图部分放大后的效果与放大前的效果对比。

位图图像文件是将每一个像素的位置及其色彩数据都一一记录下来而形成。每一个像素的信息都互不相同且相互独立存在。因此，在表现复杂的彩色图像时，图像信息也相应增加，同时，内存的需求量也相应提高。由于构成图像的点是固定且有限的，因此，在图像放大或缩小时会影响它的清晰度，确切地说，位图图像在放大时会模糊，产生锯齿状边线，而在缩小时图像会相对变得清晰。

Photoshop 属于位图图像处理软件。一幅图像中像素的数目和密度越高，图像的精度就越高，色彩变化就越丰富，也就是说在单位面积内，像素数目越高，图像的质量就越高。

我们把单位面积内的像素的多少称为分辨率，分辨率越高图像越清晰，分辨率是衡量位图图像质量的唯一标准。

2. 矢量图像

矢量图像也叫向量图像，它通过数学计算的方式来记录图像内容，如图 2.18 所示。

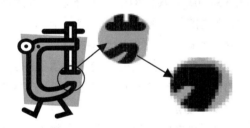

图 2.17　位图放大效果图　　　　　　　　图 2.18　矢量图放大效果图

知识 2.5　图像文件的常见格式

1. BMP 格式

BMP 是英文 Bitmap（位图）的简写，它是 Windows 操作系统中的标准图像文件格式，支持 RGB、Indexed Color、灰度和位图色彩模式，但不支持 Alpha 通道。用户在 Photoshop 中将图像文件另存为 BMP 模式时，系统将显示【BMP 选项】对话框，用户在此选择文件格式，一般我们选择【Windows】格式和【24 位】深度。

BMP 格式的特点是包含较丰富的图像信息，几乎不进行压缩，但由此导致了它与生俱来的缺点——占用磁盘空间过大。

2. GIF 格式

GIF 是英文 Graphics Interchange Format（图形交换格式）的缩写。顾名思义，这种格式是用来交换图片的。

GIF 格式的特点是压缩比高，磁盘空间占用较少，所以这种图像格式迅速得到了广泛的应用。最初的 GIF 只是简单地用来存储单幅静止图像（称为 GIF87a），后来随着技术发展，可以同时存储若干幅静止图像进而形成连续的动画，使之成为当时支持 2D 动画为数不多的格式之一（称为 GIF89a），而在 GIF89a 图像中可指定透明区域，使图像具有非同一般的显示效果，这更使 GIF 风光十足。目前 Internet 上大量采用的彩色动画文件多为这种格式的文件，也称为 GIF89a 格式文件。

此外，考虑到网络传输中的实际情况，GIF 图像格式还增加了渐显方式，也就是说，在图像传输过程中，用户可以先看到图像的大致轮廓，然后随着传输过程的继续而逐步看清图像中的细节部分，从而适应了用户的"从朦胧到清楚"的观赏心理。目前 Internet 上大量采用的彩色动画文件多为这种格式的文件。

但 GIF 有个小小的缺点，即不能存储超过 256 色的图像。尽管如此，这种格式仍在网络上大行其道，这和 GIF 图像文件短小、下载速度快、可用许多具有同样大小的图像文件组成动画等优势是分不开的。

3. JPEG 格式

JPEG 也是常见的一种图像格式，支持 RGB、CMYK 及灰度等色彩模式。它由联合照片专家组（Joint Photographic Experts Group）开发并以命名为"ISO 10918-1"，JPEG 仅仅是一种俗称而已。JPEG 文件的扩展名为.jpg 或.jpeg，其压缩技术十分先进，它用有损压缩方式去除冗余的图像和彩色数据，在获取极高的压缩率的同时能展现十分丰富生动的图像，但会丢失部分不易察觉的数据，所以在印刷时不宜使用此格式。

同时 JPEG 还是一种很灵活的格式，具有调节图像质量的功能，允许你用不同的压缩比例对这种文件压缩，比如我们最高可以把 1.37MB 的 BMP 位图文件压缩至 20.3KB。当然我们完全可以在图像质量和文件尺寸之间找到平衡点。

由于 JPEG 优异的品质和杰出的表现，它的应用也非常广泛，特别是在网络和光盘读物上，肯定都能找到它的影子。目前各类浏览器均支持 JPEG 这种图像格式，因为 JPEG 格式的文件尺寸较小，下载速度快，使得 Web 页有可能以较短的下载时间提供大量美观的图像，JPEG 同时也就顺理成章地成为网络上最受欢迎的图像格式。

4. TIFF 格式

TIFF 图像文件格式可以在许多不同的平台和应用软件间交换信息，其应用相当广泛。该格式支持 RGB、CMYK、Lab、Indexed Color、BMP、灰度等色彩模式，而且在

RGB、CMYK 以及灰度等模式中支持 Alpha 通道的使用，大多数扫描仪都输出 TIFF 格式的图像文件。

5. PSD 格式

这是著名的 Adobe 公司的图像处理软件 Photoshop 的专用格式 Photoshop Document（PSD）。PSD 其实是 Photoshop 进行平面设计的一张"草稿图"，它里面包含有各种图层、通道、遮罩等多种设计的样稿，以便于下次打开文件时可以修改上一次的设计，PSD 文件虽然在保存时进行了适当的压缩，但图像文件仍然很大，比其他格式的图像文件占用更多的磁盘空间。

如果需要把带有图层的 PSD 格式的图像转换成其他格式的图像文件，需先将图层合并，然后再进行转换。

在 Photoshop 中将图像文件保存为 JPEG 格式时，系统将显示【JPEG 选项】对话框，下面介绍该对话框中的各项设置。

杂边：由于 JPEG 格式不支持透明，故此选项采用默认设置，即选择【无】。

图像选项：该选项用于调整图像文件的压缩比例。在"品质"右侧的文本框中可输入 0~10 之间的数值或者用鼠标拖动其下侧的滑块均可调整图像的压缩比例。其数值越大，图像失真也越大，但保存后的图像文件占用空间越少。另外，也可直接从右侧的下拉列表框中选择"低"、"中"、"高"或"最佳"以调整压缩比例。

格式选项：该选项组用于设置图像的品质。其中"基线（标准）"选项用于使图像输出标准化；"基线已优化"选项用于设置获得最佳品质的图像；"连续"选项用于设置网络下载时，图像采取由模糊渐进至清晰的方式显示。其渐进次数可在"扫描"的下拉列表框中选择："3"、"4"或"5"次。

大小：该选项用于预览图像文件的大小以及估计图像下载的时间。从其右侧下拉列表框中可选择所需的调制解调器速度值。另外，只有选择了对话框右侧的"预览"选项时，才能预览图像。

6. PNG 格式

PNG（Portable Network Graphics）是一种新兴的网络图像格式。在 1994 年底，由于 Unysis 公司宣布 GIF 拥有专利的压缩方法，要求开发 GIF 软件的作者须缴交一定费用，由此促使免费的 png 图像格式的诞生。PNG 一开始便结合 GIF 及 JPG 两家之长，打算一举取代这两种格式。1996 年 10 月 1 日由 PNG 向国际网络联盟提出并得到推荐认可标准，并且大部分绘图软件和浏览器开始支持 PNG 图像浏览，从此 PNG 图像格式生机焕发。

PNG 是目前保证最不失真的格式，它汲取了 GIF 和 JPG 二者的优点，存贮形式丰富，兼有 GIF 和 JPG 的色彩模式；它的另一个特点是能把图像文件压缩到极限以利于网络传输，但又能保留所有与图像品质有关的信息，因为 PNG 是采用无损压缩方式来减少文件的大小，这一点与牺牲图像品质以换取高压缩率的 JPG 有所不同；它的第三个特点是显示速度很快，只需下载 1/64 的图像信息就可以显示出低分辨率的预览图像；第四，

PNG 同样支持透明图像的制作，透明图像在制作网页图像的时候很有用，我们可以把图像背景设为透明，用网页本身的颜色信息来代替设为透明的色彩，这样可让图像和网页背景很和谐地融合在一起。

PNG 的缺点是不支持动画应用效果，如果在这方面能有所加强，简直就可以完全替代 GIF 和 JPEG 了。Macromedia 公司的 Fireworks 软件的默认格式就是 PNG。现在，越来越多的软件开始支持这一格式，而且在网络上也越来流行。

7. PDF 格式

PDF 图像文件是 Adobe 公司用于 Windows、Mac OS、UNIX(R)和 DOS 系统的一种电子出版软件。PDF 文件可以包含矢量和位图图形，还可以包含导航和电子文档查找功能。

Photoshop PDF 格式支持 RGB、索引颜色、CMYK、灰度、位图和 LAB 颜色模式，不支持 Alpha 通道。PDF 格式支持 JPEG 和 ZIP 压缩，但位图模式文件除外。

在 Photoshop 中打开用其他应用程序创建的 PDF 文件时，Photoshop 将对文件进行栅格化。

 同步练习 1

制作一个挂在树上，用来介绍该树木名称的标志牌。

实景图和设计效果图如图 2.19 和图 2.20 所示（参见"素材/第 2 章/小区标志实景 4"和"作品/第 2 章/小区标志 4"）。

图 2.19　小区标志实景 4　　　　　　　图 2.20　小区标志 4 效果图

 操作提示

1）新建一图层，画椭圆选区，变换选区角度，填充红色。移动选区，填充白色，做成左上角翅膀图形。

2）同理做出左下角翅膀图形。

3）用矩形选框剪去多余部分的图形，复制多一份，做成右边的翅膀图形。

4）用【椭圆选区】工具做成蝴蝶身体和头尾部。

5）写文字。

同步练习 2

　　请给"尚景"生活小区设计制作一个标志，该标志是立在小区的水池旁，提醒行人注意"小孩池边行走，需有成人监护"（参见"素材/第 2 章/小区标志实景 5.jpg"），如图 2.21 所示。

图 2.21　小区标志实景 5

项目二　【渐变】工具应用实例

实例 2.3（典型实例）　立体图形的制作

　　立体图形的制作。
　　设计效果图如图 2.22 所示（参见"作品/第 2 章/渐变立体图形"）。

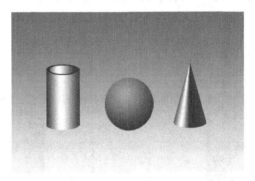

图 2.22　渐变立体图形

解题思路

　　1）通过【直线渐变】与【选区】的加减变化后生成圆柱体。

2）通过【径向渐变】生成立体球形。

3）锥体由填充【直线渐变】后的矩形通过【透视变形】后生成。

 操作步骤

1）新建文件，宽度 640 像素，高度 480 像素，分辨率 72 像素/英寸，RGB 模式。

2）背景填充蓝白直线渐变色。

1．画圆柱体

1）新建图层 1，设置参考线，用【矩形选框】工具绘制矩形选择区，并填充红、白、红渐变色，如图 2.23 和图 2.24 所示。完成后按 Ctrl+D 键取消选区。

图 2.23　渐变编辑器

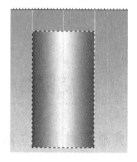

图 2.24　渐变编辑器

2）用【椭圆选框】工具在矩形底部画椭圆，然后选中【添加到选区】属性，选中【矩形选框】工具，框选矩形的上面部分，如图 2.25 和图 2.26 所示。

图 2.25　画椭圆选区

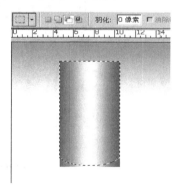

图 2.26　椭圆选区加矩形选区

3）按 Ctrl+Shift+I 键反选，然后删除选区内容，效果如图 2.27 所示。完成后按 Ctrl+D 键取消选区。

4）在圆柱体顶部画椭圆选区并填充红色，如图 2.28 所示。

5）单击菜单【选择】中的【修改】、【收缩】（10 像素）命令，使选区变小，然后填充红、白、红渐变色，如图 2.29 所示。最后取消选区。

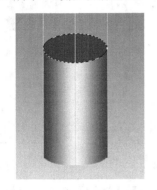
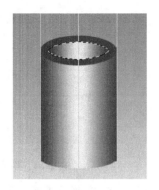

图 2.27　圆柱体底部效果　　　　图 2.28　圆柱体顶部填充效果　　　　图 2.29　圆柱体顶部渐变

 提　示　这里也可用"选区变换"的菜单命令，使选区变小。

2. 画球体

按 Shift+【椭圆选框】工具画正圆，然后填充绿、红径向渐变，如图 2.30 和图 2.31 所示。

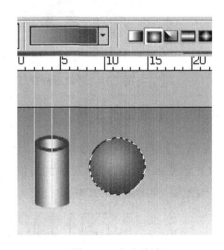

图 2.30　渐变编辑　　　　　　　　　　图 2.31　径向渐变

3. 画锥体

1）用【矩形选框】工具画矩形，然后填充绿、白、灰、浅灰、灰色的直线渐变，如图 2.32 和图 2.33 所示。

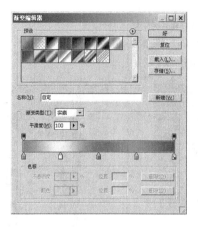

图 2.32 渐变编辑

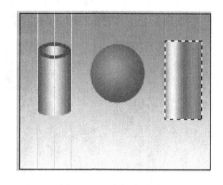

图 2.33 填充直线渐变

2）选中菜单【编辑】、【变换】、【透视】命令，鼠标放在变形框的右上角控制点上，如图 2.34 所示，对图形进行透视变形，如图 2.35 所示，按回车确认。

3）保存文件名为"渐变立体图形.psd"。

图 2.34 开始透视变形

图 2.35 透视变形

知识 2.6 【渐变】工具

【渐变】工具组包括线性渐变、径向渐变、角度渐变、对称渐变和菱形渐变。

1）渐变填充方式：从左到到右依次为线性渐变、径向渐变、角度渐变、对称渐变和菱形渐变，如图 2.36 所示。

图 2.36 渐变填充方式

线性渐变：形成从起点到终点的直线线性渐变效果。

径向渐变：形成由起点到选区四周的辐射状渐变效果。

角度渐变：形成围绕起点旋转的螺旋渐变效果。

对称渐变：产生两边对称的渐变效果。

菱形渐变：产生菱形渐变的效果。

2）创建新渐变样式：在【渐变编辑器】对话框中，可以通过在渐变编辑器上增加取色棒、调节转换点来编辑渐变，如图 2.37 所示，在该对话框中选取或编辑渐变层，并可将编辑的结果以.GRD 文件存放，以备后用。

图 2.37　渐变编辑器

3）选框内图像的变换：在编辑菜单中，分为自由变换和变换。变换分为缩放、旋转、斜切、扭曲、透视、旋转 180 度、旋转 90 度和水平旋转、垂直旋转等。

 同步练习

按钮的制作。

设计效果图如图 2.38 所示（参见"作品/第 2 章/渐变按钮"）。

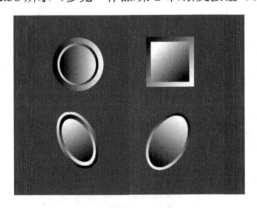

图 2.38　按钮制作效果图

 提　示　① 画出选区，填充直线渐变。

② 单击【选择】菜单中的【修改】、【收缩】命令，对选区收缩，然后填充与第 1 步相反方向的直线渐变。

　　　　　　也可以通过【变换选区】的菜单命令操作达到选区缩小的目的。

实例 2.4（提高实例） 光盘的制作

设计效果图如图 2.39 所示（参见"作品/第 2 章/光盘"）。

图 2.39　光盘效果图

 操作步骤

新建文件，宽度 640 像素，高度 480 像素，分辨率 72 像素/英寸，RGB 模式。

1. 背景的制作

1）按 Shift+【矩形选框】工具，创建一个小正方形选区。
2）在正方形选区中从中心向外，填充黄-红色的【菱形渐变】，如图 2.40 所示。
3）选中【编辑】、【定义图案】菜单命令，创建一个新图案，然后取消选区。
4）选中【编辑】、【填充】菜单命令，调出【填充】对话框，如图 2.41 设置，然后确定。

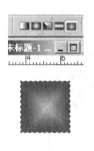

图 2.40　菱形渐变　　　　　　　　图 2.41　填充图案

2. 光盘的制作

1）新建图层 1。
2）按 Shift+【椭圆选框】工具，创建一个正圆选区，
3）在正圆选区从中心向外，填充渐变编辑器预设中的【色谱】渐变，类型为角度渐变，如图 2.42 所示。

4）单击【选择】、【修改】、【边界】菜单命令，输入 10 像素，然后确定。

5）对边界填充双色直线渐变，渐变编辑器设置如图 2.43 所示。

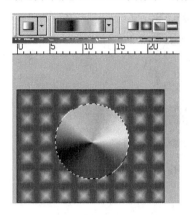
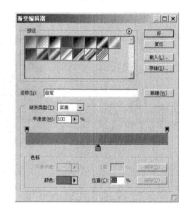

图 2.42　填充色谱渐变　　　　　　　　　图 2.43　渐变编辑

6）按 Alt+Shift+椭圆选区，从光盘中间拖曳出一个小圆，然后按键盘上的 Delete 键删除填充色。

7）重复步骤 4 和步骤 5，修改光盘内边界，并做渐变效果，如图 2.44 所示。

3. 文字制作

1）用【横排文字】工具输入文字"广东希望音像出版社"，隶书，30 像素，白色。

2）选中所有文字，单击【创建变形文本】按钮，设置如图 2.45 所示，然后确定。

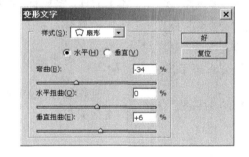

图 2.44　光盘效果　　　　　　　　　图 2.45　变形文字对话框

3）按 Alt+Shift+椭圆选区，从光盘中间拖曳出一个正圆，单击【路径】调板下的【从选区生成工作路径】按钮，如图 2.46 和图 2.47 所示。

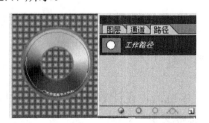

图 2.46　变形文本　　　　　　　　　图 2.47　由选区生成路径

4）选中路径调板中的【工作路径】，然后按【横排文字】工具，输入文字，居中对齐，必要的时候加分隔符，如图 2.48 所示，然后取消路径调板中的【工作路径】选中状态。

图 2.48　光盘文字

5）保存文件名为"光盘.psd"。

知识 2.7　文字

1）图案填充：首先把矩形选区内的图案定义为图案（用【编辑】菜单的【定义图案】命令），然后就可以使用定义好的图案来填充了。

2）选区的扩边和扩展。

3）创建变形文字：选中文字后，单击【创建变形文本】按钮，可选择扇形、旗帜等 16 种风格。

图 2.49　效果图

4）在路径内输入文字：先绘制好路径或者形状，选择【文本】工具，将鼠标移动到路径或者形状内部，光标变形为"I"时单击鼠标，输入文字即可。

 同步练习 1

制作如图 2.49 所示图案效果（参见素材"作品/第 2 章/图案效果"）。

 操作提示

1）前景色设为红色，对正方形选区填充预设的【透明条纹】渐变色，类型为菱形渐变。

2）将制作好的菱形定义为图案，然后填充图案。

同步练习 2

创意文字练习，设计效果图如图 2.50 所示，设置如图 2.51 所示（参见"作品/第 2 章/创造性思维文字"）。

知识 2.8　文字处理

Photoshop 中制作的文字效果非常漂亮，正确选用和设置文字的属性是图像设计的重要部分。在处理文字时可将文字作为路径或选择区域，像处理图像一样用滤镜和其他图像处理工具进行变换。

文字从外观和性质上可分为轮廓和位图两种文字。

1）轮廓文字：由数学定义的图形组成，缩放到任意尺寸都能保持边缘的清晰光滑。在 CorelDraw 等软件中创建的文字就是轮廓文字。

2）位图文字：由像素组成，其字形效果取决于文字大小和图像分辨率，被放大的位图文字会产生锯齿状边缘。Photoshop 等图像编辑软件中创建的文字就属位图文字。

Photoshop 提供了两种创建文字的办法：【文字】工具和【文字蒙版】工具。

T 用于创建横排文本图层。

IT 用于创建直排文本图层。

T 用于创建横排文字蒙版或选区。

IT 用于创建直排文字蒙版或选区。

1. 使用【文字】工具

单击工具箱中的按钮 T 或 IT，系统弹出【文字】工具属性栏。在属性栏中可以进行字体、字号、大小、颜色等格式设置，然后，在图像窗口中的任意位置单击鼠标，出现输入文字的闪烁光标提示，即可开始输入所输文字。

在 Photoshop 中建立文本框，更容易对文字或文章进行编辑处理。方法是：选取【文本】工具，在图像窗口中用鼠标单击并拖动出一个大小适当的矩形框，就可以开始输入文字了。

【文字】工具允许直接在图像上创建彩色文字。创建的文字将存放在一个专用的文字图层中。要想像编辑普通图层那样来编辑文字图层，必须执行【图层】、【栅格化】命令将其转换为普通图层。

2. 使用【文字蒙版】工具

用【文字蒙版】工具创建文字时，只产生文字轮廓的外围虚框，即文字外形的选择区域，而不产生实际色彩填充的文字图形，也不生成单独的文字图层。对文字轮廓可以进行移动、复制、填充或描边等操作，还可以将其存储为 Alpha 通道，常用于制作特殊的文字效果。

单击工具箱中的【文字】工具图标 T 或 IT，在其属性栏中设置好文字属性，然后在图像中单击，并输入文字。完成后，单击工具箱中的其他任意图标，此时文字选框将出现在图像上。

3. 文字的基本控制与设置

要将属性更改应用到现有的文字中（如更改字体、字号大小、形状、行间距及对齐方式等），其方法为：首先选中要修改的字符。先选择【文字】工具，并在需要修改的文字上单击，此时光标变成横线或竖线，拖动鼠标选择需要的文字。

先单击要设定文本的起始位置，然后按住 Shift 键并单击文本结束位置，即可选择整段文字。

若文字层已执行了【栅格化】命令，则不能采用以上方法进行修改。

选择好了要修改的文本，就可以对其属性进行更改了。

4. 文字的编辑与处理

利用其他编辑工具和菜单命令可以对所创建的文字进行辅助的编辑、加工和处理，从而改变普通文字的效果。

（1）利用图层活动调板进行文字图层的编辑和处理

文字图层可以像其他普通图层一样进行移动、合并处理，也可以进行复制、图层选项设置等操作。利用图层活动调板及图层风格特效处理技术可以对文字图层进行编辑和处理。

（2）利用【文字】命令对文字图层进行编辑和处理

执行菜单中的【图层】、【文字】命令，打开【图层】、【文字】子菜单，其中各命令含义如下：

创建工作路径：将以当前图层的文字轮廓建立工作路径。

转换为形状：将文字图层转化为图形图层，还可重新设置文字的边缘形式。

水平：使文字横向排列。

垂直：使文字垂直排列。

转换为段落文字：将文字文本转化为段落文本。

文字变形：执行此命令，可在弹出的【变形文字】对话框中对文字进行艺术化处理。

（3）利用【变换】或【自由变换】命令对文字进行编辑和处理。

执行菜单中的【编辑】、【变换】或【编辑】、【自由变换】命令可以对文字进行处理。

知识 2.9　修改命令

修改位于菜单【选择】、【修改】中，主要用于修改选区设置，包括扩边、平滑、扩展和收缩 4 个子菜单。

1）扩边：用一个包围选区的边框选定来代替原选区，这可使我们只对选区边缘进行修改。【扩边】对话框中的【宽度】参数可设置边框大小，此参数的取值范置为 1~200。

2）平滑：通过在选区边缘上增加或减少像素来改变边缘的粗糙程度，以达到一种平滑的选择效果。在"取样半径"参数设置栏中可设定粗糙程度的像素值，此参数的取值范围为 1~100。

3）扩展：将当前选区按设定的数目向外扩充，扩充单位为像素，可在【扩展】对话框中的【扩展量】参数设置框中设定要扩充的像素数目。

4）收缩：与【扩展】命令相反，主要用于将当前选区按设定的像素数目向内收缩，在对话框的【收缩量】参数设置栏中可设置向内收缩的数值。

图 2.50　文字效果　　　　　　　　　图 2.51　描边设置

 操作提示

1）输入竖排文字，栅格化文字。

2）文字的左半边选区设置红、白直线渐变，右半边选区设置黄、红直线渐变。

3）对文字选区描边黑色，如图设置。

4）选中文字选区，单击【移动】工具按钮，按住 Alt 键，同时多次按键盘上的上/下/左/右光标移动键，生成最后效果。

项目三　【选取】与【移动】工具应用实例

实例 2.5（典型实例）　制作奥运宣传画

设计效果图如图 2.52 所示（参见"作品/第 2 章/奥运北京"）。

图 2.52　设计图效果

 操作步骤

1）打开"素材/第 2 章/奥运会标志"、"蓝天白云"和"北京天坛"，如图 2.53、

图 2.54 和图 2.55 所示。

图 2.53　北京天坛　　　　　图 2.54　奥运会标志　　　　　　图 2.55　蓝天白云

2）单击"北京天坛"文件，选中【椭圆选框】工具，设置工具栏中的羽化参数为10，在画面上拖出一个椭圆，如图 2.56 所示。然后用【移动】工具拖动到"蓝天白云"文件中，如图 2.57 所示。

图 2.56　羽化并拖动选区　　　　　　图 2.57　拖动到"蓝天白云"文件中

3）用【矩形选框】工具框选"奥运会标志"中的会标，并用【移动】工具拖动到"蓝天白云"文件中，如图 2.58 和图 2.59 所示。

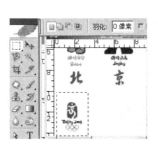

图 2.58　框选奥运会会标　　　　　图 2.59　移动奥运会会标到"蓝天白云"

4）回到"奥运会标志"文件，双击图层【背景层】，把"背景层"改为"图层 0"，然后用【魔棒】工具单击"图层 0"中的白色区域，如图 2.60 所示，然后按 Delete 键删除，如图 2.61 所示。

图 2.60　选中白色背景　　　　　　　　　图 2.61　删除背景

5）选中【矩形选框】工具，并设置属性为"与选区交叉"，框选第一个北京奥运娃娃，如图 2.62 所示。然后用【移动】工具把娃娃拖动到"蓝天白云"文件中，如图 2.63 所示。

图 2.62　框选奥运娃娃　　　　　图 2.63　把奥运娃娃移动到"蓝天白云"中

6）重复步骤 5，分别把其他几个奥运娃娃框选后拖动到"蓝天白云"文件中，并用 Ctrl+T 键调整大小和方向，如图 2.64 所示。

图 2.64　五个奥运娃娃

 提　示　也可以用【磁性套索】工具分别选取五个奥运娃娃，然后移动到"蓝天白云"中。

7）用【横排文字】工具写字，字体华文新魏，字号 92，黄色，然后按属性中的【创建变形文本】按钮，如图 2.65 所示设置扇形变形效果。然后单击【图层】、【文字】、【栅格化】菜单命令，把文字层转为普通层。设置文字层描边效果，如图 2.66 所示。

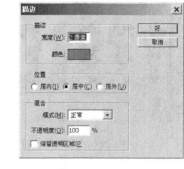

图 2.65　变形文字设置　　　　　　　　图 2.66　描边设置

8）单击图层面板中的【添加图层样式】按钮，选中【斜面和浮雕】，对话框中按默认值设置，效果如图 2.67 所示。最后保存文件名为"奥运北京.psd"。

图 2.67　最后效果图

知识 2.10 【选取】及【移动】工具

1.【选取】工具

1）工具箱提供了多个用于创建选区的选取工具，分别是【选框】工具组（前面学习过）、【套索】工具组和【魔棒】工具。【套索】工具组包括【套索】工具、【多边形套索】工具和【磁性套索】工具。

2）【套索】工具：适用选取不规则的区域。

在欲选取的区域边缘单击并拖动鼠标即可。若终点与起点重合，会形成封闭的选区，若不重合，双击鼠标则起点和终点之间将自动连成直线并形成闭合选区。

3）【多边形套索】工具：适用于选取不规则的多边形区域。

在需要选取的形状边缘依次单击鼠标，每点之间将以直线相连，当终点与起点重合时，形成封闭的选区；若不重合，双击鼠标，起点与终点间将由直线连接成闭合选区。

4）【磁性套索】工具：适用于图像边缘对比较强的区域。

在需要选取的图像边缘单击形成起点后，沿图像边缘移动（此时不需要按住鼠标），当鼠标回到起点时，再次单击鼠标将形成封闭的选区。

5）【魔棒】工具：适用于选择颜色相近的区域。

其中主要参数"容差"用于控制魔术棒选取的色彩范围，数值越小选择的色彩范围也越小。

2. 羽化选区

"羽化"是重要的选区编辑功能，它能在选区周围形成模糊的边界。我们可以在使用【选框】工具之前在选项栏中设置羽化，也可以选择中通过按【选择】、【羽化】菜单使用来设置。

3.【移动】工具：最基本的功能是移动对象

1）使用时直接单击对象并拖动即可。

2）在其他工具状态下，一般直接按住 Ctrl 键不放，可以快速使用【移动】工具。

 同步练习 1

打开"素材/第 2 章/百合原图"和"小蜜蜂"文件，做成图 2.68 的效果（见"作品/第 2 章/百合"）。

 操作提示

1）用【魔棒】工具（属性设置为连续）选中百合图左上角部分，填充土黄色，下部分填充蓝色。

2）用【魔棒】把小蜜蜂背景选中，反选，然后把小蜜蜂拖动到百合图。

图 2.68 百合效果图

3）用【磁性套索】圈选花苞，并按【图像】、【调整】、【色相/饱和度】调配颜色。

 同步练习 2

打开"素材/第 2 章/虎"和"羊"文件，做成如图 2.69 所示的羊头虎身的效果（见"作品/第 2 章/羊头虎身"）。

图 2.69 羊头虎身图

实例 2.6（提高练习） 制作未来汽车设计大赛宣传画

设计效果图如图 2.70 所示（参见"作品/第 2 章/汽车设计赛"）。

图 2.70　汽车设计大赛效果图

 操作步骤

1）打开"素材/第 2 章/高楼"、"天空"和"汽车 1"、"汽车 2"文件。

2）选中"天空"文件，单击【图像】、【画布大小】菜单命令，在对话框中按图 2.71 设置，效果如图 2.72 所示。

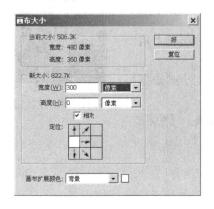

图 2.71　画布大小设置　　　　　　　　图 2.72　加长画布

3）把"高楼"文件图片拖放到"天空"文件的右侧，如图 2.73 所示。

图 2.73　"高楼"拖入效果

4）选中矩形选框，设置羽化参数为 15，在"高楼"左侧拖出选区，如图 2.74 所示。然后按两次 Delete 键，最后按 Ctrl+D 键取消选区，如图 2.75 所示。

图 2.74 设置羽化选区 　　　　　　　　　　　图 2.75 羽化效果

5）设置画布大小，把画布向下拉伸 50 像素，画布扩展颜色为灰色，如图 2.76 和图 2.77 所示。

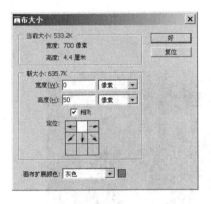

图 2.76 画布大小设置 　　　　　　　　　　图 2.77 向下拉伸画布效果

6）分别把"汽车 1"和"汽车 2"中的汽车用【磁性套索】圈选后移动到"天空"文件中并适当改变大小和方向，如图 2.78、图 2.79、图 2.80 所示。

7）画边框并输入文字，如图 2.81 所示。

图 2.78 汽车 1 圈选 　　　　　　　　　　图 2.79 汽车 2 圈选

图 2.80 汽车移到"天空"文件中 　　　　　　图 2.81 边框和文字

知识 2.11 画布的调整

在【图像】、【画布大小】菜单命令中，如图 2.82 所示，可对画布的不同位置进行大小的改变。若新设置的尺寸小于原来的尺寸，将自动按所设定的宽度和高度沿图像四周裁剪图像；反之，则在图像的四周增加空白区域。还可利用"定位"功能设置裁剪或扩展的方向及大小。

 同步练习 1

打开"素材/第 2 章/城市风景"、"沙漠"文件，做成图 2.83 的效果（见素材"作品/第 2 章/海市蜃楼"）。

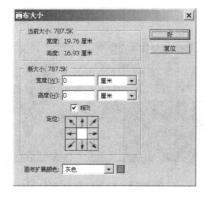

图 2.82　【画布大小】对话框　　　　　　图 2.83　海市蜃楼效果

 同步练习 2

打开"素材/第 2 章/封面素材 1"、"封面素材 2"、"封面素材 3"和"封面素材 4"文件，做成图 2.84 的效果（见素材"作品/第 2 章/封面设计"）。

图 2.84　封面效果图

项目四 路径应用实例

实例 2.7（典型实例） 路径的描绘

设计效果图如图 2.85 所示（参见"作品/第 2 章/标志设计"）。

图 2.85 标志设计效果

 **解题思路**

用【钢笔】工具沿标志轮廓绘制出路径形状，然后将绘制的路径移动放置到新文件中，转换为选择区域后填充颜色。

 操作步骤

1）新建文件，500×400 像素，72 像素/英寸，RGB 色彩，并打开"素材/第 2 章/原标志设计"，如图 2.86 所示。

图 2.86 标志设计原图

2）用【钢笔】工具描绘出标志左手臂的路径，如图 2.87 所示。然后用【路径选择】工具把路径移到新文件中，如图 2.88 所示。

图 2.87 【钢笔】工具描绘路径

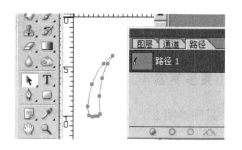

图 2.88 路径的移动

3）同理用【钢笔】工具分别描绘出标志身体部分、右手臂部分、心形图部分，并移到新文件中，如图 2.89 所示。

4）用【路径选择】工具选中左手臂子路径，单击路径调板下的【将路径转为选区】按钮，然后在新图层中填充蓝色，如图 2.90 所示。

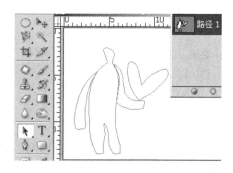

图 2.89 标志路径

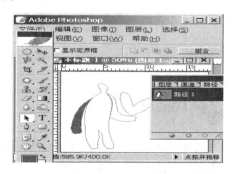

图 2.90 左手臂路径填充蓝色

5）同理，把其他几个子路径分别转为选区，然后填充不同的颜色，如图 2.91 所示。

6）在路径调板中把路径 1 复制 1 份，改名为路径 2。

7）单击路径 2，用【路径选择】工具全选所有子路径，按 Ctrl+T 键进行大小变换，然后按【编辑】、【变换路径】、【水平翻转】菜单命令，如图 2.92 所示。

图 2.91 在不同的子路径中填充颜色

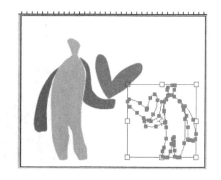

图 2.92 路径的变换

8）重复步骤 4 和步骤 5，最终效果如图 2.93 所示。

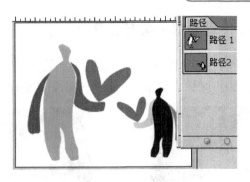

图 2.93　最终效果

　同步练习 1

打开"金鱼原图"文件，用【钢笔】工具分别描绘出金鱼路径，然后移到新文件中，做出图 2.94 和图 2.95 的效果（参见"素材/第 2 章/金鱼原图和"作品/第 2 章/金鱼"）。

图 2.94　金鱼原图　　　　　　　图 2.95　金鱼效果图

　同步练习 2

打开"金鱼路径素材"文件，用【钢笔】工具沿金鱼的外轮廓绘制一个封闭的图形，移到新文件中，再复制一个新路径，做出图 2.96 的效果（参见"素材/第 2 章/金鱼路径素材"和"作品/第 2 章/金鱼路径"）。

图 2.96　金鱼路径效果

实例 2.8（提高练习） 路径的绘制与修改

利用【路径】工具绘制生活小区标志 6，实景图和设计效果图如图 2.97 和图 2.98 所示（参见"素材/第 2 章/小区标志实景 6"和"作品/第 2 章/小区标志 6"）。

图 2.97　小区标志实景 6

图 2.98　小区标志 6 效果图

 操作步骤

1）新建文件，540×450 像素，分辨率 72 像素/英寸，RGB 模式，背景绿色。

2）用钢笔路径画出花朵的大致路径，然后用【直接选择】工具进行修改，如图 2.99 所示。

3）在路径调板中单击【将路径作为选区载入】按钮，把路径转为选区。新建图层 1，在新图层中填充黄色，如图 2.100 所示。

4）同理用【钢笔路径】工具画出花径的路径，并用【直接选择】工具进行修改，如图 2.101 所示。

5）把花径路径转为选区，新建图层 2，在新层中填充红色，如图 2.102 所示，然后把花朵图层移上一层。

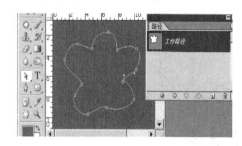

图 2.99　花朵路径

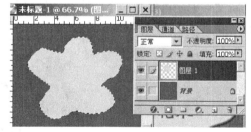

图 2.100　花朵填充米黄色

6）输入文字"爱护花木，请勿攀折"，红色，大小 52 点。输入文字"尚景"，米黄色，大小 52 点。

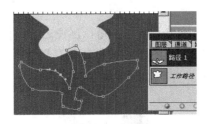

图 2.101　花径路径

图 2.102　花径填充红色

7）选中花朵图层，单击图层面板下面的【添加图层样式】按钮，选中【斜面和浮雕】样式，为图层添加【斜面和浮雕】图层样式，各项参数按默认值，如图 2.103 和图 2.104 所示。

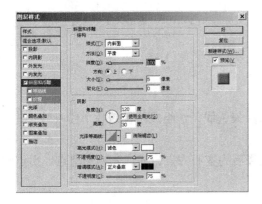

图 2.103　斜面和浮雕图层样式

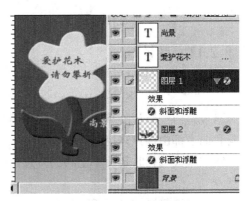

图 2.104　样式效果

同步练习

1）利用【钢笔】工具绘制小区标志 7，如图 2.105 和图 2.106 所示（参见"素材/第 2 章/小区标志实景 7"和"作品/第 2 章/小区标志 7"）。

图 2.105　小区标志实景 7

图 2.106　小区标志 7 效果图

2）利用【钢笔】工具绘制标志设计 2，如图 2.107 所示（参见"作品/第 2 章/标志设计 2")。

3）打开"羊头"文件，用【钢笔】工具描绘出"羊"字路径，使之与图像中的羊头形状相似，将文字与背景层合成，制作成图 2.108 所示的象形文字的效果（参见"素材/第 2 章/羊头和"作品/第 2 章/象形文字"）。

图 2.107　标志设计 2　　　　　图 2.108　象形文字

知识 2.11　路径

1. 路径简介

路径是由一系列的直线或曲线线段组成的矢量线条，组成路径的各个线段的长短、方向和曲度都由锚点来控制。

锚点未被选择时是一个空心的方点，选择后为实心方点。锚点分为平滑点、拐点和角点。

路径和选择区域可以相互转换。

1）闭合路径和开放路径。闭合路径用于图形和形状的绘制，开放路径用于曲线和线段的绘制。

2）子路径和工作路径。利用【钢笔】工具或【自由钢笔】工具每次创建的都是一个子路径，所有的子路径组成一个新的工作路径。同一个工作路径中的子路径之间可以进行计算、对齐和分布等操作。

2. 常用路径工具

（1）【钢笔】工具

单击工具箱中的【钢笔】工具按钮，在文件中连续单击鼠标左键，可以创建由线段构成的路径。在文件中按下鼠标左键拖曳，可以创建曲线路径。

当鼠标回到起始点单击，可以闭合路径，若未闭合路径前，按住 Ctrl 键+单击鼠标左键，可创建不闭合的路径。

（2）【自由钢笔】工具

单击工具箱中的【自由钢笔】工具按钮，在文件中拖曳鼠标，系统将沿光标拖曳过的轨迹生成路径。

当鼠标回到起始点单击，可以闭合路径，若未闭合路径前，按住 Ctrl 键+单击鼠标左键，可创建不闭合的路径。

（3）【编辑】工具

包括【路径选择】工具按钮和【直接选择】工具按钮。

【路径选择】工具按钮用于选择一个或几个路径，它可以移动路径并对路径进行组合、排列、分布和变换等操作。

【直接选择】工具按钮用于选择路径中的锚点和线段，可以单独调节锚点的方向线和方向点，但调节时不会改变锚点的类型。

按 Shift+A 键，可以在这两个工具之间进行切换。

3．路径面板

1）填充按钮：用前景色填充路径。

2）描边按钮：用前景色描边路径。

3）转换选择区按钮：将路径转换为选择区域。

4）转换路径按钮：将选择区域转换为路径。

5）新建按钮和删除按钮：建立新的路径或删除当前选择的路径。

4．图层样式

图层样式用于在图层上添加特殊效果，用户可以直接使用【样式】调板中的样式，也可以通过【图层样式】对话框设置新的样式。

 本章习题

一、简答题

1．如何制作正方形的选区？

2．如何从中心向外制作圆形？

3．【渐变】工具有哪几种填充类型？

4．如何进行填充图案？

5．如何制作变形文字？

6．简述【磁性套索】工具、【移动】工具和【羽化】工具的使用。

7．简述【魔棒】工具、【套索】工具、【多边形套索】工具与【磁性套索】工具各适用于什么情况。

8．什么是子路径？什么是工作路径？

9．请说明【路径选择】工具按钮和【直接选择】工具按钮的区别。

10．闭合路径和开放路径各有什么作用？如何生成闭合路径和开放路径？

11．简述 Photoshop 的基本功能。

12．数字图像文件分成哪几类，各有什么特点？

13．请简述 JPG 文件和 GIF 文件的优缺点。

14．PSD 格式文件与其他图像文件最大的区别在哪里？

二、选择题

1. 创建正方形的选区时，需按键盘中的（　　）键拖曳。
　　A．Ctrl　　　　　　B．Alt　　　　　　C．Shift　　　　　　D．Tab

2. 在英文输入状态下，敲击键盘中的（　　）键，可将前景色与背景色互换。
　　A．c　　　　　　　B．d　　　　　　　C．x　　　　　　　D．f

3. 单击菜单栏中的（　　）命令，可将文本图层转换为普通图层。
　　A．图层属性　　　B．栅格化　　　　C．类型　　　　　D．图层样式

4.【渐变】工具不能在（　　）模式中使用。
　　A．RGB　　　　　B．Lab　　　　　C．灰度　　　　　D．位图和索引

5.【渐变】工具共有（　　）种渐变类型。
　　A．5　　　　　　　B．4　　　　　　　C．2　　　　　　　D．3

6. 将一个图像拖曳至另一个图像的工具是（　　）。
　　A．【套索】工具　　　　　　　　B．【移动】工具
　　C．【圆角矩形】工具　　　　　　D．【徒手】工具

7. 将选区存放在（　　）中能够让选区永远保存。
　　A．图像　　　　　B．路径　　　　　C．通道　　　　　D．滤镜

8. 进行"路径"填充时，颜色并不描绘到路径上，而是出现在（　　），所以在描绘前要确定图层为当前状态。
　　A．RGB 模式中　　B．色彩模式中　　C．图层中　　　　D．位图中

9. 图像中最小可被选择的单位是（　　）。
　　A．1/2 个像素　　B．1 个像素　　C．1/10 个像素　　D．1/256 个像素

10. 在 Photoshop 中能保存新增图层及通道信息的存储格式是（　　）。
　　A．Photoshop　　B．JPEG　　　　C．TIFF　　　　　D．Photoshop EPS

📝 读书笔记

_____

_____

_____

_____

_____

_____

_____

_____

图层、蒙版与通道应用实例

本章应知

- ◆ 了解图层和图层组的的概念，掌握图层的新建，图层之间的链接，图层样式的使用和图层的特效操作
- ◆ 了解图层蒙版的概念，掌握图层蒙版的使用
  了解通道的概念，掌握通道的使用方法
- ◆ 了解滤镜的概念，掌握滤镜的使用方法

本章应会

- ◆ 学会应用图层、蒙版、通道来产生图像特效
- ◆ 完成本章的案例和练习

项目一   图层应用实例1

实例 3.1（典型实例）   海鸥，我们的朋友

 **解题思路**

思路如图 3.1 所示。

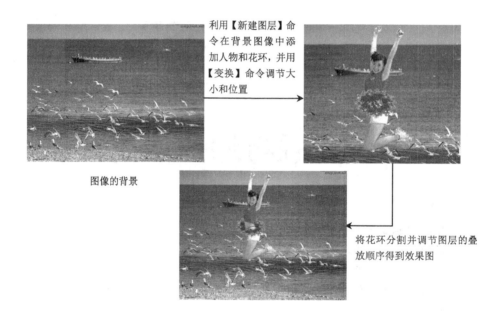

图 3.1   解题思路

 操作步骤

1）打开图像文件。

单击【文件】、【打开】，打开"第 3 章\海滩.jpg、花环.gif、人物.jpg"等三个文件。

2）用【磁性套索】工具，选取人物.jpg 文件中的女孩。

3）执行【选择】、【羽化】命令，在弹出的对话框中羽化半径为 1，模糊选区边缘，按 Ctrl+C 键拷贝图像。

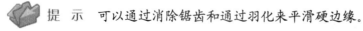 提 示   可以通过消除锯齿和通过羽化来平滑硬边缘。

4）单击"海滩.jpg"图像窗口的任意处，使之变成活动窗口，单击【图层调板】

中的【新建图层】按钮，新建一个图层，如图 3.2 所示，按 Ctrl+V 键将人物粘贴到图像中。

5）按 Ctrl+T 键将人物调节到适当的大小位置。

【新建图层】按钮

图 3.2　新建图层

6）双击图层名，将图层名称改为：人物。

 提　示　Ctrl+T 键是自由转换，可以将图像进行"缩放、旋转、斜切、透视、扭曲……"等多种变换。

7）单击"花环.jpg"图像窗口的任意处，按住 Ctrl 键的同时，单击【图层调板】中的【索引】图层，如图 3.3 所示，这时花环被选取了。

图 3.3　图层调板

 提　示　按住 Ctrl 键的同时，在图层调板中单击，可以选取相应图层中的全部像素。

8）重复步骤 3～5 将花环添加到"海滩.jpg"图像中，并调节形状（注意：用【斜切】和【扭曲】使花环呈倾斜状）。将图层名改为：花环。

9）用【套索】工具 将花环的上部选取，如图 3.4 所示。

将选区羽化 1 个像素，按 Ctrl+X 键将图像剪切到剪贴板里，再按 Ctrl+V 键，这时 Photoshop 将选区里的像素粘贴到了一个新的图层里，将新图层改名为"花环 1"。

10）在图层调板中，将"花环 1"图层向下拖移。当突出显示的线条出现在"人物"图层之下的位置时，松开鼠标按钮。这时，花环"套在"女孩的腰上了，如图 3.5 所示。

11）单击图层调板菜单【合并可见图层】将所有可见图层合并为一个图层。

图 3.4　贴蕊环

图 3.5　套花环

提　示　合并图层有助于管理图像文件的大小。

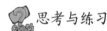
思考与练习

1）请讨论在图像编辑中使用图层的好处。
2）怎样新建和删除一个图层？
3）如何合并两个图层？
4）请讨论如何选取图层内的所有像素。

知识 3.1　图层的概念

一个图层好比一张透明的纸。我们在几张透明纸上分别作画，然后将这些透明纸按一定的次序叠加在一起，就可以组成一幅完整的图像。在电脑图像处理中，难度越大、精确度越高的图像制作越能体现出图层的优越性。

1. 图层

我们可以理解为一张透明的纸，将图像的各部分绘制在不同的图层上。通过这层纸，可以看到后面的东西，如图 3.6 所示。

3 个图层中的图像　　　　　　重叠放置后的效果

图 3.6　图层示意图

图层分为五种类型：普通图层、背景层、调节层、文本图层、形状图层，如图 3.7 所示。

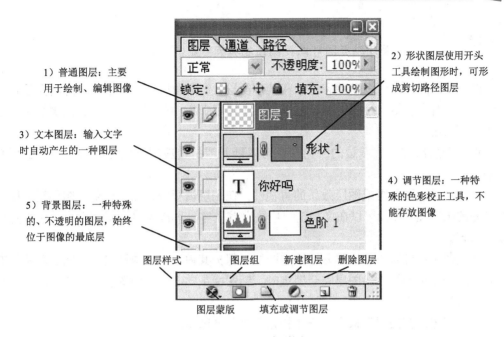

1）普通图层：主要用于绘制、编辑图像

3）文本图层：输入文字时自动产生的一种图层

5）背景图层：一种特殊的、不透明的图层，始终位于图像的最底层

2）形状图层使用开头工具绘制图形时，可形成剪切路径图层

4）调节图层：一种特殊的色彩校正工具，不能存放图像

图层样式　　图层组　　新建图层　　删除图层

图层蒙版　　填充或调节图层

图 3.7　图层类型图

2. 图层调板

使用图层时经常用到图层调板，它展示了图像中的所有图层、图层组和图层效果。可以使用图层调板上的按钮完成许多任务。例如，创建、隐藏、显示、拷贝和删除图层等。还可以使用图层调板菜单和【图层】菜单上的其他命令和选项，如图 3.8 所示。

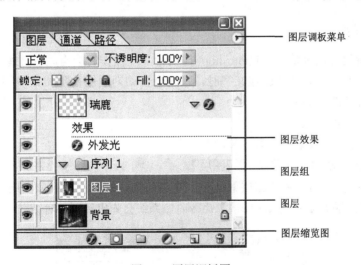

图层调板菜单

图层效果

图层组

图层

图层缩览图

图 3.8　图层调板图

显示图层调板：单击【窗口】【图层】。

使用图层调板菜单：单击调板右上角的三角形 ⊙ 可以访问处理图层的命令。

更改图层缩览图的大小：从图层调板菜单中选取【调板选项】，并选择缩览图大小。

关闭缩览图可以提高性能和节省显示器空间。

　　图层组：图层组可以帮助您组织和管理图层。使用图层组可以很容易地将图层作为一组移动、对图层组应用属性和蒙版以及减少图层调板中的混乱。在现有图层组中无法创建新图层组。

　　点按图层组文件夹左边的三角形，可以展开或折叠应用于图层组所含图层的所有效果。

　　更改图层、图层组或图层效果的可视性：在图层调板中，点按图层、图层组或图层效果旁的眼睛图标，可以在文档窗口中隐藏其内容。再次点按该眼睛图标，可以重新显示内容。

　　锁定图层：可以全部或部分地锁定图层以保护其内容。图层锁定后，图层名称的右边会出现一个锁图标。当图层完全锁定时，锁图标是实心的；当图层部分锁定时，锁图标是空心的。

　　全部锁定：在图层调板中单击【锁定全部】选项。

　　部分锁定：

　　【锁定透明像素】将编辑操作限制在图层的不透明部分。

　　【锁定图像像素】防止使用绘画工具修改图层的像素。

　　【锁定位置】防止移动图层的像素。

知识 3.2　图层的操作

1. 新建图层

　　图层的新建有几种情况，Photoshop 在执行某些操作时会自动创建图层。例如，当在进行图像粘贴时，或者在创建文字时，系统会自动为图像粘贴和文字创建新图层（如本案例中的鲜花的粘贴）。

　　或执行下列操作之一：

　　1）执行【图层】、【新建】、【图层】。

　　2）从图层调板菜单中选取【新图层】。

　　3）图层调板中的【新建图层】按钮，在当前选中的图层上添加图层。

　　在执行【图层】、【新建】、【图层】命令时，系统会弹出新图层对话框，如图 3.9 所示。

图 3.9　【新图层】对话框

2. 图层的操作

（1）设置图层选项

【名称】可指定图层或图层组的名称。

【与前一图层编组】可创建剪贴组。

【颜色】可为图层或图层组指定颜色。

【模式】可为图层或图层组指定混合模式。

【不透明度】可为图层或图层组指定不透明度。

（2）删除图层

在图层调板上，单击【删除图层】按钮就可以把当前图层删除。或在图层上单击鼠标右键在弹出的菜单中选择【删除图层】。

（3）当前图层

如果图像有多个图层，必须选取要编辑的图层。对图像所做的任何更改都只影响当前图层。单击图层即可使其成为当前图层，且一次只能有一个图层成为当前图层。当前图层的名称会显示在文档窗口的标题栏中，并且图层调板中的该图层旁边会出现画笔图标。

提　示　如果在使用工具或应用命令时没有看到所希望的结果，说明可能没选择正确的图层。检查图层调板，确保当前图层是需编辑的图层。

（4）更改图层的顺序

在图层调板中，将图层或图层组向上或向下拖移。当突出显示的线条出现在要放置图层或图层组的位置时，松开鼠标按钮，如图 3.10 所示。

（5）合并两个或多个图层

将要合并的图层在图层调板中并排放置在一起，并确保两个图层的可视性都已启用。请执行下列操作之一：

图 3.10　更改图层

1）从【图层】菜单或图层调板菜单中选取【向下合并】。

2）从图层调板或图层调板菜单中选取【合并可见图层】。

（6）重命名图层

在图层调板中，双击图层的名称，并输入新名称。

（7）移动图层

图层调板中，单击某一图层，将该图层设置为当前图层，然后在工具箱中选择【移动】工具，按下鼠标鼠标直接拖动，即可移动该图层中的图像。

同步练习

绘制奥运五环标志，如图 3.11 所示。

图 3.11　五环标志

解题思路

1）打开素材文件夹"第 3 章\奥运会五环原图.psd"，用 ➤ 工具移动各图层的圆环，并调整到合适的位置。

2）将"红"、"黑"、"蓝"三个图层链接，并对齐链接图层，用同样的方法对齐"绿"、"黄"两个图层。

按住 Ctrl 键单击"黄"图层选中黄色圆环，【选择】 ◯ 工具，设置状态栏参数为 ▢▢▢▢，用【椭圆】工具减选选区，如图 3.12 所示，将"蓝"图层设为当前编辑图层，按 Delete 键删除选区内容，得到图 3.13 的效果。

图 3.12　减选选区　　　　　　　　　　图 3.13　效果图

3）用同样的方法便可得到奥运会的五环标志图。

项目二　图层应用实例2

实例 3.2（典型实例）　水晶图标的制作

水晶图标效果如图 3.14 所示。

图 3.14　效果图

解题思路

1）栅格化图层。
2）链接图层。
3）应用预设样式。

操作步骤

1）新建一个宽 300 像素，高 100 像素，背景：白色的图像文件，改名为"icon"。
2）单击工具箱中的颜色设置按钮■，将前景色改为＃336699。
3）使用【文字】工具T，属性栏设置：字体 Arial Black，字号 100；输入字符 icon，并移动到图像编辑区中央。将图层改名为 icon。
4）应用预设样式。

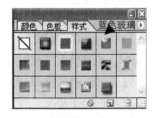

单击【样式调板】中的【蓝色玻璃】样式，如图 3.15 所示（如【样式调板】没有显示，则执行【窗口】、【样式】）。

图 3.15　选样式

5）栅格化图层。在图层面板中，鼠标移向文字图层右击，在弹出菜单中选择【栅格化图层】。

提　示　某些命令和工具（例如滤镜效果和绘画工具）不适用于文字图层。栅格化将文字图层转换为正常图层。

图 3.16　图层链接

6）单击工具箱中的【橡皮擦】工具❨，将字符"O"擦除。
7）打开文件"第 3 章\案例 3\苹果.JPG"，用【魔术棒】工具将图标选取，并复制到 icon 中。
8）按 Ctrl+T 键将图标调节到适当的大小和位置。
9）链接图层。

在图层调板中，单击图层 icon 前的小方框，将图层链接，如图 3.16 所示。

10）合并图层。

选择图层调板菜单⊙按钮，选择【合并链接图层】。效果图完成，如图 3.11 所示。

同步练习 1

请用本节学过的知识，利用素材文件夹中"第 3 章"文件夹里的"蝴蝶.jpg"素材，做出"butterfly.PSD"的效果图。

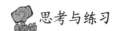 思考与练习

1）请讨论在用【橡皮擦】工具 擦除文字时，为什么先将图层栅格化？

2）如果样式调板中没有需要的样式，应该怎么办？

知识 3.3　图层

（1）栅格化图层

对于包含矢量数据（如文字图层、形状图层和矢量蒙版）和生成的数据（如填充图层）的图层，不能使用绘画工具或滤镜。但是，可以栅格化这些图层，将其内容转换为平面的光栅图像。

栅格化图层方法：

1）在图层调板中选择要栅格化的图层。

2）执行下列操作之一：

选取【图层】、【栅格化】，并从子菜单中选取选项 。

图层调板中，按鼠标右键，选择【栅格化图层】选项。

（2）链接图层

将两个或更多的图层或图层组链接起来，它们的内容就可以一起移动了。从所链接的图层中，还可以进行拷贝、粘贴、对齐、合并、应用变换和创建剪贴组。

链接图层方法：

1）在图层调板中选择图层。

2）单击紧靠要链接到所选图层的任何图层左边的小方框。列中会出现链接图标 。

取消链接图层方法：在图层调板中，点按链接图标将其删除。

（3）预设样式

存储自定样式时，该样式成为预设样式。预设样式出现在样式调板中，仅通过点按鼠标即可应用。Photoshop 提供了各种预设样式以满足广泛的用途。

显示样式调板：选取【窗口】、【样式】。

对图层应用预设样式，请执行下列操作之一：

1）在样式调板中单击一种样式以应用于当前选中的图层。

2）将样式从样式调板拖移到图层调板中的图层上。

3）将样式从样式调板拖移到文档窗口，当鼠标指针位于希望应用该样式的图层内容上时，松开鼠标按钮。

　　提　示　在单击或拖移时按住 Shift 键，可将样式添加到（而不是替换）目标图层上的任何现有效果中。

4）在图层调板中双击图层缩览图，并在【图层样式】对话框中单击样式一词（对话框左侧列表中最上面的一项）。单击要应用的样式，并单击【好】按钮。

5）使用【形状】或【钢笔】工具时，在绘制形状前，先从属性栏的弹出式调板中选择样式。

载入预设样式库：单击【样式调板】中的三角形 、【图层样式】对话框（Photoshop）或选项栏中的【图层样式】弹出式调板（Photoshop）。

执行下列操作之一：

1）选取【载入样式】，向当前列表中添加库。然后选择要使用的库文件，并单击【载入】。

2）选取【替换样式】，用一个不同的库替换当前列表。然后选择想使用的库文件，并单击【载入】。

3）选取库文件（显示在调板菜单的底部）。然后单击【好】，替换当前列表，或者单击【追加】追加当前列表。

返回到默认的预设样式库：

1）单击样式调板中的三角形、【图层样式】对话框（Photoshop）或选项栏中的【图层样式】弹出式调板（Photoshop）。

2）选取【复位样式】。可以替换当前列表或者将默认库追加到当前列表。

同步练习 2

制作透明按钮，如图 3.17 所示。

操作提示

图 3.17 透明按钮

1）新建一个透明背景的图像文件，大小根据按钮的大小决定。

2）新建图层 2，选择【椭圆】工具并按住 Shift 键，拖动鼠标左键，创建一个正圆形选区，单击 D 键复位色板，用背景色填充选区。不要取消选择，按 Ctrl+X 键将选区图像复制到剪贴板上，删除图层 2。

3）在图层 1 中，用 Ctrl+V 键将白色圆形粘贴到图层 1 中。这样，白色圆形就会处于画布的正中，如图 3.18 所示。

4）下面，我们就开始为按钮添加了图层样式了。

首先，我们为按钮添加基础的颜色。选择【渐变叠加】样式，将【混合模式】设为：正常，【不透明性】为 100%，单击【编辑渐变色】，将渐变的左端设为 RGB（225，138，25），右端设为 RGB（255，255，255），

图 3.18 处治图形

渐变样式为线性，角度为 123 度，缩放为 100%；

5）利用【斜面和浮雕】样式为按钮添加光泽：样式为内斜面，方法为平滑，深度 100%，方向为上，大小为 20 像素，软化为 3 像素，阴影的角度为 120 度，取消全局光，高度为 73 度，暗调模式为颜色减淡，高光和暗调的其他各项设定保持不变；得到图 3.19。

6）接下来的【投影】和【外发光】，都是进一步修饰按钮

图 3.19 调整后的图

边缘的：先来选择投影样式，将投影颜色设为 RGB（146，90，1），不透明度为 35%，角度为 90 度，距离和扩展为 0，大小为 2 像素；然后是外发光样式，混合模式为正常，不透明度为 38%，颜色为 RGB（240，211，156），发光方法为较柔软，大小为 5 像素；得到效果图。

知识 3.4　图层样式

1）图层样式：可以制作出阴影、发光、斜面和浮雕等多种效果，图层样式的功能类似于 Word 中的标题样式的功能，它提供了一种操作应用的捷径。当图层具有样式时，图层调板中该图层名称的右边会出现"f"图标 。

 对背景、锁定的图层或图层组不能应用图层效果和样式。

创建图层样式有下列几种方法：
① 单击【图层调板】中的【图层样式】按钮 ，并从列表中选取效果。
② 从【样式】、【图层样式】子菜单中选取效果。
③ 在图层调板中双击图层缩览图，并在对话框的左侧选择效果。

 要向样式中添加其他效果在"图层样式"对话框中选择其他效果可以单击效果名称左边的复选框。

2）【渐变叠加】样式：可以在图层内容上填充一种渐变颜色。此图层效果与在图层中填充渐变颜色的功能相同，与创建渐变填充图层的功能相似。

 应用渐变叠加图层效果时，最重要的是需要编辑一个好看的渐变颜色和选择一种渐变类型。

3）【斜面和浮雕】可以制作出立体感的文字和图像。

图 3.20　一轮弯月效果

 同步练习 3

制作一轮弯月，效果如图 3.20 所示。

操作提示

1）制作一渐变填充的背景层。
2）在新图层中画一轮弯月，可在【自定义形状】工具中找到月亮的轮廓图案，转换成选区，并填充白色。
3）添加图层样式：外发光，颜色为纯白色，适当设置大小的数值；内发光：颜色为纯白色，适当设置大小的数值；渐变叠加：调整不透明度（参考值 95），样式为径向，渐变色从淡灰色到纯白色；图案叠加：选择合适的图案（参考图案：绸光见"素材"）。

同步练习 4

制作立体金属字，效果如图 3.21 所示。

操作提示

图 3.21 立体金属字效果图

1）新建文件，黑色背景。

2）输入文字，前景色参考：#CB9911。

执行【图层】、【图层样式】、【混合选项】，对【斜面和浮雕】选项进行设置，参考数值如图 3.22、图 3.23 所示。

3）保存文件。

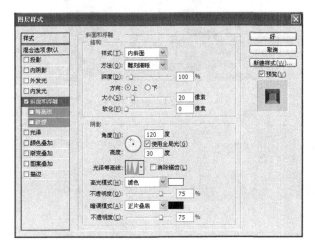

图 3.22 图层样式参数图

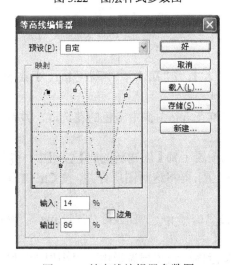

图 3.23 等高线编辑器参数图

项目三　蒙版应用实例

实例 3.3（典型实例）　梦幻小猫的设计

设计效果如图 3.24 所示。

图 3.24　效果图

解题思路

1）图层剪贴组。
2）描边。
3）图层蒙版。

操作步骤

1）打开图像文件。

2）单击【文件】、【打开】，打开"第 3 章\小菊花.jpg、小猫.jpg、背景.jpg 和鲜花.jpg"，如图 3.25 所示。

3）用【套索】工具将鲜花.jpg 图像中橙色的花选取，并复制到背景.jpg 图像中，这时，将得到图层 1。

4）在图层调板中拖动图层 1 到【创建新图层】按钮中，得到"图层 1 副本"，用【移动】工具将两图层调节好位置，再将这两图层合并，按 Ctrl+T 键将小花的大小调整适当，如图 3.26 所示。

5）用【移动】工具将"小猫.jpg"拖动到"背景.jpg"，得到图层 2（小猫遮盖了背景，请不要焦急！）。

6）请按住 Alt 键，鼠标移动到图层调板中的"图层 1"和"图层 2"之间，这时鼠标指针的形状变为，单击鼠标左键，得到图 3.26。

图 3.25　打开图

图 3.26　调整

7）在图层调板中，单击"图层 2"（将图层 1 变成当前图层），按住 Ctrl 键并单击"图层 1"得到一个选区。

8）单击【编辑】、【描边】，将弹出【描边】对话框，设置如图 3.27 所示，其中颜色设置为#63C6CA。

9）用【移动】工具将"鲜花.jpg"拖动到"背景.jpg"，得到图层 3，按 Ctrl+T 键将鲜花设置成适当的大小，移动到适当的位置。

10）在图层调板中，单击按钮 ，在图层 3 上新建图层蒙版。

11）在工具箱里选择【渐变】工具，并在属性栏中设置为：径向填充。

12）在鲜花的中心位置拖动鼠标左键，进行白色到黑色的填充。这时可以看到鲜花的效果了。图层调板如图 3.28 所示。

13）最终效果图如图 3.25 所示。

图 3.27　设置

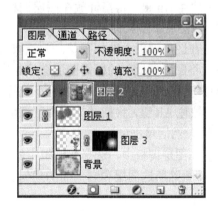

图 3.28　图层调板

同步练习

请用本节学过的知识，利用"第 3 章\小女孩.jpg"做出"练习题.PSD"的效果图。

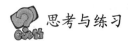 思考与练习

1）请讨论案例中图层 1 和图层 2 之间的位置关系。

2）请讨论图层蒙版与剪贴组图层的用法。

3）请讨论案例中无法完成描边操作的原因。

4）试调整案例中的"图层 1"和"图层 2"的不透明度和混合模式。

知识 3.5　剪贴组图层及蒙版

1．剪贴组图层

在剪贴组中，最下面的图层（或基底图层）充当整个组的蒙版。例如，一个图层上可能有某个形状，上层图层上可能有纹理，而最上面的图层上可能有一些文本。如果将三个图层都定义为剪贴组，则纹理和文本只通过基底图层上的形状显示，并具有基底图层的不透明度。

 提　示　剪贴组中只能包括连续图层。剪贴组中的基底图层名称带下划线，上层图层的缩览图是缩进的。另外，上层图层显示剪贴组图标 ↓。"图层样式"对话框中的"将剪贴图层混合成组"选项可确定：基底图层的混合模式是影响整个组，还是只影响基底图层。

创建剪贴组，请执行下列操作之一：

1）按住 Alt 键，将指针放在图层调板上分隔两个图层的线上（指针变成两个交叠的圆 ），然后单击鼠标。

2）在图层调板中选择图层，并选取【图层】、【与前一图层编组】。

3）将图层调板中的所需图层链接起来，然后选取【图层】、【编组链接图层】。

删除剪贴组中的图层，请执行下列操作之一：

1）按住 Alt 键，将指针放在图层调板上分隔两组图层的线上（指针会变成两个交叠的圆 ），然后单击鼠标。

2）在图层调板中，选择剪贴组中的图层，并选取【图层】、【取消编组】。此命令从剪贴组中删除所选图层和它上面的任何图层。

2．蒙版

蒙版控制图层或图层组中的不同区域如何隐藏和显示。通过更改蒙版，可以对图层应用各种特殊效果，而不会实际影响该图层上的像素。蒙版可用于保护部分图层，让用户无法编辑，还可用于显示或隐藏部分图像。有两种类型的蒙版：

1）图层蒙版是位图图像，与分辨率相关，并且由【绘画】或【选择】工具创建，如图 3.29 所示。

2）矢量蒙版与分辨率无关，并且由【钢笔】或【形状】工具创建。

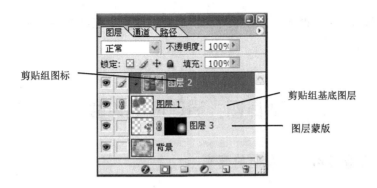

剪贴组图标　　　　　　　　　　　　　　　　剪贴组基底图层

图层蒙版

图 3.29

可以使用图层蒙版遮蔽整个图层或图层组，或者只遮蔽其中的所选部分。也可以编辑图层蒙版，向蒙版区域中添加内容或从中减去内容。图层蒙版是灰度图像，因此用黑色绘制的内容将会隐藏，用白色绘制的内容将会显示，而用灰色色调绘制的内容将以各级透明度显示。

添加显示或隐藏整个图层的蒙版，执行下列操作之一：

1）要创建显示整个图层的蒙版，在图层调板中单击【添加图层蒙版】按钮 ▢，或选取【图层】、【添加图层蒙版】、【显示全部】。

2）要创建隐藏整个图层的蒙版，请按住 Alt 键并单击【添加图层蒙版】按钮，或选取【图层】、【添加图层蒙版】、【隐藏全部】。

添加显示或隐藏选区的蒙版：

1）在图层调板中，选择要添加蒙版的图层或图层组。

2）选择图像中的区域，并执行下列操作之一：

① 在图层调板中单击【添加图层蒙版】按钮 ▢，创建显示选区的蒙版。

② 选取【图层】、【添加图层蒙版】、【显示选区】或【隐藏选区】。

编辑图层蒙版：

1）单击图层调板中的图层蒙版缩览图，使之成为现用状态。

2）选择任一【编辑】或【绘画】工具。

3）请执行下列操作之一：

① 要从蒙版中减去并显示图层，请将蒙版涂成白色。

② 能够看到图层部分，请将蒙版涂成灰色。

③ 要向蒙版中添加并隐藏图层或图层组，请将蒙版涂成黑色。

当蒙版处于现用状态时，前景色和背景色默认为灰度。

停用或启用图层蒙版，请执行下列操作之一：

1）按住 Shift 键并单击图层调板中的图层蒙版缩览图。

2）选择要停用或启用的图层蒙版所在的图层，并选取【图层】、【停用图层蒙版】或【图层】、【启用图层蒙版】。

停用蒙版时，图层调板中的蒙版缩览图上会出现一个红色的 **X**，并且会显示出不带蒙版效果的图层内容。

项目四　通道应用实例

实例 3.4（典型实例）　奔驰的汽车

效果图如图 3.30 所示。

动感模糊滤镜
起风滤镜
通道的使用

图 3.30　效果图

 **解题思路**

1）动感模糊滤镜。

2）起风滤镜。

3）通道的使用。

 操作步骤

1）打开素材文件夹的"第 5 章\汽车.jpg"图像。

2）单击工具箱里的【磁性套索】工具 ，拖动鼠标左键选择汽车的外形。

3）按键盘中的 Ctrl+J 键，汽车复制到新的"图层 1"中。

4）在图层调板中，设置"背景层"为当前层，执行菜单栏中的【滤镜】、【模糊】、【动感模糊】命令，在弹出的【动感模糊】对话框中，设置动感模糊对话框置参数，如图 3.31 所示。

5）确定后得到图 3.32 所示的效果。

图 3.31 【动感模糊】对话框 图 3.32 动感模糊

6）在【通道】调板中，单击下方的新建按钮 ，得到"Alpha1"通道。如图 3.33 所示，将其激活，然后单击工具栏中的【渐变填充】工具按钮，在其属性栏中设置渐变色为由白色到黑色的线性渐变。

7）在图像文件中，按住鼠标左键，自右向左拖曳，可拖曳出线性渐变，如图 3.34 所示。

图 3.33 新建通道 图 3.34 线性渐变

8）按住键盘中的 Ctrl 键，单击【通道】调板中的【通道1】，此时图像文件中建立了一个选择区域，如图 3.35 所示。

9）设置"图层 1"为当前层，按 Delete 键，然后取消选择区，汽车的奔驰效果便制作完成。

10）在【通道】调板中，单击下方的 按钮，建立新的通道，自动命名为"Alpha2"，如图 3.36 所示。

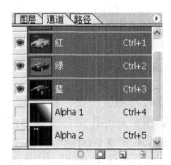

图 3.35 建立选区 图 3.36 新建通道

11）将前景色设置为白色，单击工具箱中的 T 按钮，在其属性栏中设置参数，如图 3.37 所示。

图 3.37　T 属性栏

12）将光标放置在图像文件区域中左上角，输入文字"奔驰"，其文字的位置如图 3.38 所示。

13）在【通道】调板中，将"Alpha2"拖曳至 按钮处，可复制出"Alpha2 副本"。

14）设置"Alpha2"为当前层，然后单击菜单【滤镜】、【风格化】、【起风】命令，在弹出的【起风】对话框中设置各项参数如图 3.39 所示，单击【好】按钮确定。

图 3.38　输入文字　　　　　图 3.39　"起风"对话框

 提　示　如果起风的效果不太明显，则敲击键盘中的 Ctrl+F 键，可再次执行起风命令，直至达到理想的起风效果为止。

15）在【通道】调板中，将"Alpha2"通道拖动至载入范围按钮 上，得到一个选区。

16）激活 RGB 通道，然后在【图层】调板中选择【背景层】，将选区填充为＃F9E400，得到风文字的效果。

17）在【通道】调板中，按住 Ctrl 键，单击"Alpha2 副本"，得到一个选区。激活 RGB 通道，然后在【图层】调板中选择"背景层"，将选区填充为＃1D5403，得到"奔驰的汽车效果图"，如图 3.30 所示。

知识 3.6　通　道

通道和蒙版与图层一样，都是 Photoshop 的重要功能，在 Photoshop 中起着举足轻重的作用，而在实际工作中，有许多通道和蒙版的功能被用户舍弃，只使用图层功能，使 Photoshop 得不到充分的发挥，要制作有创意的图像，就不能忽视通道和蒙版。

在 Photoshop 中通道有两个主要功能。

（1）存储图像的色彩资料

如 RGB 色彩模式的图像由红、绿、蓝 3 种颜色组成，这些单元色在 Photoshop 的【通道】调板中用 3 个通道分别存储。如图 3.40 所示，这 3 个通道组合即合成一个用于编辑图像的复合通道。而 CMYK 色彩模式的图像则由青色、洋红、黄色、黑色 4 种颜色组成，在【通道】调板中用 4 个通道分别存储。

（2）存储选区范围

在【通道】调板中，除了系统给定图像的通道外，还可以新建一些通道。这些新建通道主要用来创建或编辑选区，这些新建通道的系统默认名是 Alpha，如图 3.41 所示。

（3）显示"通道"调板

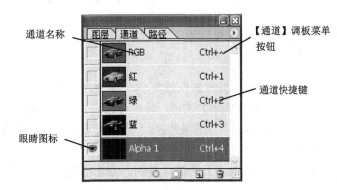

图 3.40 通道调板　　　　　图 3.41 通道调板

1）选取【Windows】、【通道】，或单击【通道】调板选项卡。

2）使用滚动条或调整调板的大小以查看其他通道。

【通道】调板的底部是 4 个按钮，各个按钮的功能如下：

1）将通道作为选取范围载入 ○ ：单击此按钮可将当前作用通道中的内容转换为选取范围，或者将某一通道拖动至该按钮上来安装选取范围。

2）将选区保存为通道 ◎ ：单击此按钮可以将当前图像中的选取范围转变成一个蒙版保存到一个新增的 Alpha 通道中。

3）创建新通道 ▣ ：单击此按钮可以快速建立一个新通道。在 Photoshop 7.0 中最多允许有 24 个通道（其中包括各原色通道和主通道）。另外，如果拖动某个通道至创建新通道 ▣ 按钮上就可以快速复制该通道。

4）删除当前通道 🗑 ：单击此按钮可以删除当前作用通道，或者用鼠标手动通道到该按钮上也可以删除。注意：主通道（如 RGB）不能删除。

 同步练习

1）利用"第 3 章/碧水.jpg"和"婚纱.jpg 文件"素材，试编辑出"凌波仙子.psd"的效果。

2）制作雪景效果，如图 3.42 所示。

原图

效果图

图 3.42　效果图

 操作提示

1）打开原图，将背景图层复制一层为"背景副本"。

2）全选【背景副本】图层，单击【通道】面板，新建"Alpha 1"通道，并粘贴。

3）在"Alpha 1"通道中执行【滤镜】、【艺术效果】、【胶片颗粒】，调整各参数，直至出现满意的效果为止。

4）全选【Alpha 1】通道并复制，点击 RGB 通道，回到图层面板中，粘贴。

5）保存文件。

实例 3.5（提高实例）　钢环的制作

 操作步骤

1）选择【文件】、【新建】命令新建文件，大小为400×400像素，分辨率为200像素/英寸，模式为 RGB，在内容中选择：透明。

图 3.43　标志

2）按 Ctrl+R 键，显示标尺。在标心上单击鼠标右键可以切换标尺的单位，这里我们选择像素，如图 3.43 所示。

3）用鼠标在左边的标尺刻度内按住不放向右拖曳，设定垂直的参考线，并找出水平中心点。然后用鼠标在上边的标尺刻度内按住不放向下拖曳，设定水平的参考线，并找出垂直中心点。

4）单击工具箱中的【椭圆形选取】工具 ○，在属性栏中设置样式为：固定大小，宽度 350 像素，高度 350 像素。

5）按住 Alt 键，对准中心点后，点击一下，便会出现一个由中心点向外扩散的正圆，如图 3.44 所示。

6）执行【选择】、【保存选区】命令，在对话框中使用默认值，单击【确定】按钮，如图 3.45 所示。

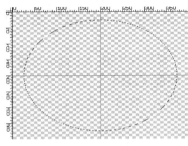

图 3.44　圆

图 3.45　保存选区对话框

7）切换到【通道】调板，可看到增加了一个"Alpha1"，默认是黑色代表非选择区域，白色代表选择区域。

8）切换回【图层】调板后，按 Ctrl+D 键，取消选取范围。重复步骤 4、5、6，增加一个"Alpha2"通道，白色区域是宽度和高度都为 320 像素，由中心点向外扩散的正圆。

9）接下来用选取范围大的"Alpha1"减去范围小的"Alpha2"。

10）执行【选择】、【载入选区】命令，在【通道】中选择：Alpha1，在【操作】中选择：新选区，载入"Alpha1"的选区范围，得到一个环形选区，如图 3.46 所示。

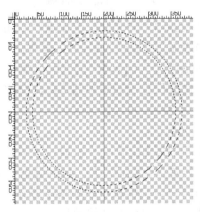

图 3.46　环形选区

11）在调板内，单击将选区保存为通道按钮 ，增加一个"Alpha3"通道。

12）按 Ctrl+D 键取消选取范围，点选工具箱中的【椭圆选取】工具，在属性栏上设定样式为"固定大小"，宽度和高度都为 280 像素。

13）按住 Alt 键，对准中心点单击一下，便会出现一个由中心点向外扩散的正圆形。

14）执行【选择】、【保存选区】命令，将选取范围保存了"Alpha4"，通道调板上会增加一个"Alpha4"通道。

15）按 Ctrl+D 键，取消选取范围。同样使用【椭圆选取】工具，在属性栏上设定宽度和高度都为 200 像素。

16）按住 Alt 键，对准中心点单击一下，便会出现一个由中心点向外扩散的正圆形。

17）执行【选择】、【保存选区】命令，选取范围保存为"Alpha5"，通道调板上增加一个"Alpha5"通道。

18）按住 Ctrl 键点击通道调板上的"Alpha4"，再按住 Ctrl+Alt 键单击通道调板上的"Alpha5"将会得到"Alpha4"减去"Alpha5"的选区范围。

19）在调板内，单击将选区保存为通道按钮 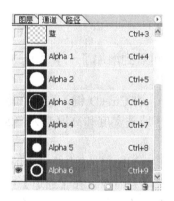，增加一个"Alpha6"通道。如图 3.47 所示。

图 3.47　新建"Alpha6"

20）接下来我们要将"Alpha3"的选取范围加上"Alpha6"。

21）按住 Ctrl 键单击通道调板上的"Alpha3"，再按住 Ctrl+Shift 键单击通道调板上的"Alpha6"，这样将"Alpha3"与"Alpha6"的选区范围相加。

22）在调板内，单击将选区保存为通道按钮 ，增加一个"Alpha7"通道。

下面使用多边形形状工具绘制三角形。

23）按 D 键设置前景色为白色。

24）选择工具箱中的【多边形】工具 ，在窗口上方设置属性栏中设置边数为 3。

25）在"Alpha7"的中间单击，然后按住 Shift 键垂直向上拖动，直到最里面的白色圆的边线松开鼠标，绘制出一个三角形，如图 3.48 所示。

按 Ctrl+R 键和 Ctrl+:键取消标尺和参考线的显示。

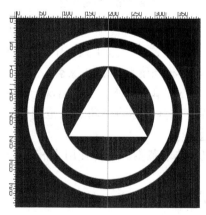

图 3.48　绘制三角形

下面制作边缘模糊。

26）在【通道】调板的"Alpha7"上单击鼠标右键，在弹出菜单中选择【复制通道】命令复制"Alpha7"通道，将复制的通道取名为"Alpha8"。

27）在"Alpha8"上执行【滤镜】、【模糊】、【高斯模糊】命令滤镜，设置半径为5，制作模糊效果。

28）确定工作通道为"Alpha8"，按住 Ctrl 键单击一下"Alpha7"，在"Alpha8"中加载了"Alpha7"的选择范围。制作好的 8 个通道如图 3.49 所示。

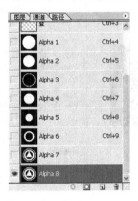

图 3.49　通道

29）保持选取范围，执行【选择】、【修改】、【收缩】命令，收缩量为 3 像素。

30）填充白色，并取消选取范围。

下面是制作渐变。

31）单击通道调板的 RGB 通道。按住 Ctrl 键单击通道调板中的"Alpha7"，加载"Alpha7"为选取范围，如图 3.50 所示。

32）选取工具箱中的【渐变】工具，在属性栏中单击渐变样式，进入【渐变编辑器】对话框中编辑渐变色为棕色（R：124，G：109，B：77）和白色相间的渐变。

33）按住 Shift 键，用【渐变】工具在选取范围内由上而下拖曳填色，得到图 3.51。

 提　示　按住 Shift 键，可以轻易地在 45° 方向线上拖动鼠标。

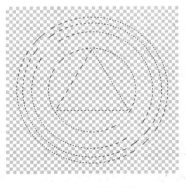

图 3.50　选取范围

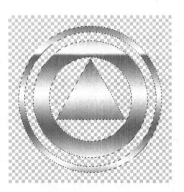

图 3.51　填色

34）执行【选择】、【反选】命令，将选取范围反转。并将选区填充为黑色。

下面用光照形成金属立体感。

35）执行【滤镜】、【渲染】、【光照效果】滤镜，在纹理通道中选择 Alpha8，在上面的颜色框中设置为棕色（R：143，G：112，B：89），下面的颜色框中设置浅黄色（R：238，G：249，B：179），然后调整其他选项，如图 3.51 所示。完成后的效果如图 3.52 所示。

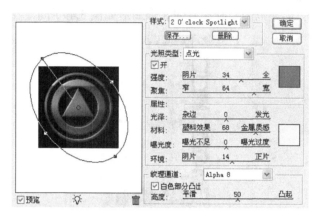

图 3.52　光照效果对话框

 同步练习 1

1）请发挥你的创意，制作一个徽标。

2）请试试做出素材文件夹中的"第 3 章/mark.jpg"的效果。

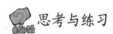 思考与练习

Photoshop 的通道中，默认是黑色代表非选择区域，白色代表选择区域，那么灰色部分呢？

知识 3.7　标尺

在能够看到标尺的情况下，标尺会显示在现用窗口的顶部和左侧。标尺内的标记可显示出指针移动时的位置。更改标尺原点（左上角标尺上的（0，0））标志可以从图像上的特定点开始度量。标尺原点还决定了网格的原点。

（1）显示或隐藏标尺

选取【视图】、【标尺】，或按快捷键 Ctrl+R。

（2）更改标尺的原点

1）要将标尺原点对齐网格、切片或者文档边界，请选取【视图】、【对齐到】，然后从子菜单中选取选项的任意组合。（Photoshop）除了对齐参考线、切片和文档边界外，还可以对齐网格。

2）将指针置于窗口左上角的标尺的交叉点上，然后沿对角线向下拖移到图像上。会看到一组十字线，它们标出了标尺上的新原点。

3）如果要让标尺原点与标尺刻度对齐（Photoshop），可在拖移时按住 Shift 键。

 提　示　要将标尺原点还原到默认值，请双击标尺的左上角。

（3）更改标尺设置（Photoshop）

请执行下列操作之一：

1）双击标尺。

2）选取【编辑】、【预置】、【单位与标尺】。

3）对于【标尺】，选取测量单位。

 更改信息调板上的单位将自动更改标尺上的单位。

4）单击【好】按钮。

可以在【通道】调板中选择一个或多个通道。所有选中的或现用的通道的名称被突出显示。所做的任何编辑更改适用于现用通道。

（4）选择通道

单击通道名称。按住 Shift 键单击以选择（或取消选择）多个通道。

（5）编辑通道

使用【绘画】或【编辑】工具在图像中绘画。用白色绘画可以按 100%的强度添加选中通道的颜色。用灰色值绘画可以按较低的强度添加通道的颜色。用黑色绘画可完全移去通道的颜色。

 同步练习 2

灯管字的制作，如图 3.53 所示。

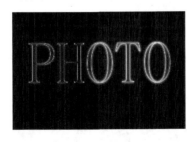

图 3.53　灯管字

 解题思路

1）新建一个宽为 300pixels 高为 200pixels，背景色为黑色的 RGB 文档。

2）在通道面板中新建 Alpha1 通道，并在新通道中输入文字。

3）取消选择，复制 Alpha1 通道为 "Alpha1 副本"，对 "Alpha1 副本" 执行【滤镜】、【模糊】、【高斯模糊】，半径为 2.0。

4）执行【图像】、【计算】，设置参数如图 3.54 所示。

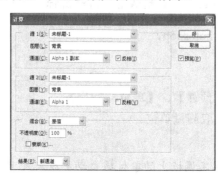

图 3.54　参数设置

5）全选 "Alpha2" 通道并复制，回到 RGB 通道，粘贴。

6）执行【图像】、【调整】、【反相】。

7）选择【渐变】工具，渐变类型为色谱，拖动鼠标渐变。

8）保存文档。

实例 3.6（典型实例）　粉笔字的制作

效果如图 3.55 所示。

 **解题思路**

1）通道的应用。

2）喷溅滤镜的应用。

3）粗糙蜡笔滤镜的应用。

4）光照效果滤镜的应用。

图 3.55　粉笔字

 **操作步骤**

1）新建文件。

执行【文件】、【新建】命令，创建一个宽为：400px；高为：200px；白色为背景的文件。

2）新建通道。

在【通道】调板中，单击新建按钮![按钮]，创建新的Alpha 1通道。

3）输入文字。

单击工具箱中的【文字】工具 **T.**，在其属性栏里设置为，字体：华文行楷；字号：60 像素；颜色为：白色。在新建的 Alpha 1 通道上输入文字"艰苦奋斗"，并拖到适当的位置，取消选取范围。

4）制作破碎效果。

执行【滤镜】、【画笔描边】、【喷溅】命令，对文字的边缘进行破碎效果的制作，在弹出对话框中设置如图 3.56 所示。

5）制作粗糙蜡笔效果。

执行【滤镜】、【艺术效果】、【粗糙蜡笔】命令，弹出如图 3.57 所示的对话框，然后单击【确定】按钮。

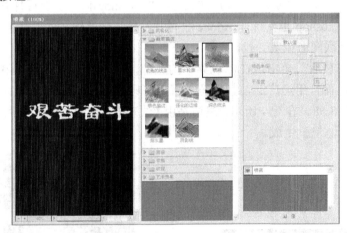

图 3.56 【喷溅】对话框

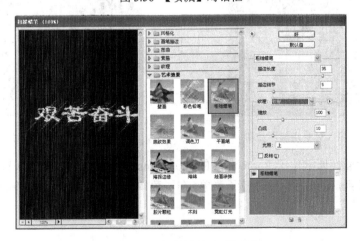

图 3.57 【粗糙蜡笔】对话框

前面的操作都是在通道里进行的，所以对图像还没有作用，下面要对图像进行涂色。

6）返回 RGB 混合通道中。

7）加载选择范围。

执行【选择】、【载入选区】命令，载入 Alpha 1 的选取范围。

8）涂色。将选取的范围涂上颜色：#980000，效果图完成了。

　同步练习 1

1）请试用不同的字体做粉笔字的效果。

2）如果要改变粗糙蜡笔的线条的方向，应怎样处理？

知识 3.8　滤镜的应用

滤镜是 Photoshop 中最具有创造力的工具。Photoshop 自带了上百种各具特色的内置滤镜，另外，Photoshop 也支持非 Adobe 公司开发的增效滤镜（外加滤镜），而且，有些滤镜还可以在互联网上免费下载。

增效滤镜安装后，会出现在滤镜菜单的底部，与内置滤镜一样使用。这些滤镜，不但功能强大，而且用途广泛，几乎覆盖了摄影印刷和数字图像的所有特技。

例如，如图 3.58、图 3.59 所示，左边是由【纹理】、【拼缀图滤镜】生成，右边由【扭曲】、【极坐标滤镜】生成。

图 3.58　拼缀图滤镜

图 3.59　极坐标滤镜

滤镜作为插件通常位于 Photoshop 的 Plug－Ins 文件夹中。滤镜可以从 Photoshop 的滤镜菜单中找到，滤镜菜单中还有子菜单，在子菜单中有分类储存的各种滤镜，如图 3.60 所示。

图 3.60　滤镜菜单

滤镜的作用：

1）Photoshop 针对选取区域进行滤镜效果处理；如果没有定义选取区域，则会对整个图像做处理；如果当前选中的是某一层或某一通道，则只对当前层或当前通道起作用。

2）在位图模式、索引模式和 16 位通道模式下不能使用滤镜，此外，不同的色彩模式其使用的范围也不同。在 CMYK 和 Lab 模式下，有部分滤镜不可以使用，如艺术效果、素描和纹理等滤镜。

滤镜的效果：

1）滤镜的处理是以像素为单位的，也就是说滤镜的处理效果与图像的分辨率有关。因此，即使使用相同的滤镜，使用相同的参数，但如果图像的分辨率不同，其效果就不一样。

2）只对局部图像进行滤镜效果处理时，可以对选取范围设定羽化值，使处理的区域能自然而渐进地与原图像结合，减少突兀的感觉。

提高滤镜的工作效果：

1）当执行完一个【滤镜】命令后，在【滤镜】菜单的第一行会出现刚才使用过的滤镜，单击它可以快速重复执行相同的滤镜命令。

2）执行滤镜常常需要花费很长的时间，因此在【滤镜】对话框中提供了预览图像的功能，大大提高了工作效率。

3）反复执行编辑菜单中的【还原状态更改】和【重做状态更改】命令可对比执行滤镜前后的效果。

4）如果你安装了大量的滤镜，但又不是经常使用，建议先把它删除，因为 Photoshop 启动时需要初始化这些滤镜，也就是说会拖慢启动过程。

如果想在最适当的时候应用滤镜到最适当的位置，除了平常的美术功底之外，还需要提高用户对滤镜的熟悉程度和操控能力，甚至需要具有很丰富的想象力。这样，才能有的放矢地应用滤镜，发挥出你的艺术才华。滤镜的功能强大，用户需要在不断的实践中积累经验，才能达到炉火纯青的境界，从而创作出具有迷幻色彩的电脑艺术作品。

知识 3.9　滤镜的效果

1）【喷溅】滤镜：属于【画笔描边】滤镜组。用于产生画面颗粒飞溅的沸水效果，类似于用喷枪在画面上喷出的许多小彩点。该滤镜可以用于制作水中镜像的效果。其对话框如图 3.56 所示，图中参数【喷色半径】用于调整溅射浪花的辐射范围。参数【平滑度】用于调整溅射浪花的光滑程度，其取值范围为 1～15，设置值较低时，能溅射出光滑的小点点；设置值较高时，溅射出的小点点会逐渐变得模糊不清；此参数值最好设置较低的数值。

2）【粗糙蜡笔】滤镜能产生一种覆盖纹理浮雕效果。它可擦掉纹理的最暗部分，并有力地处理那些带文字的图像。其设置对话框如图 3.50 所示。

【线条长度】用于调整笔画的长度，该参数的取值范围为 0～40。当参数设置为最大时，被处理的图像看上去就好像用多种颜色的蜡笔在图像上划过，当参数设置为 0 时，用蜡笔划过的线好像被切断似的，断断续续，但保留着多种颜色的状态。

【线条细节】用于调整笔触的细腻长度，该参数的取值范围为 1～20。当参数设置为 1 时，若"线条长度"的值为 40 则蜡笔划过的状态不明显，反之则比较明显。

【纹理】控制将决定于所选择纹理的类型。

【缩放】用于调整覆盖纹理的缩放比例。

【凸现】用于调整覆盖纹理的深度，即立体感。数值较大时，立体感较强；数值较小时，立体感较弱。

【光照方向】用于调整光线的照射方向。

【反相】用于调整纹理是否反向处理。

 提　示　　【画笔描边】和【艺术效果】滤镜组对 CMYK 和 Lab 颜色模式不起作用，而且要求图像的"层"不能为全空。

 同步练习 2

旧金属字效果如图 3.61 所示。

图 3.61　旧金属字

 **操作提示**

1）新建文件，设置背景色为白色，输入文字。

2）按 Ctrl 键点击文字图层，切换到通道面板，新建 Alpha 1 通道，并在新通道中用白色填充选区。

3）执行【滤镜】、【模糊】、【高斯模糊】，模糊半径为 5 个像素。

4）回到图层面板，新建图层，分别设置前背景色为白黑色，执行【滤镜/渲染/云彩】，再执行【滤镜】、【渲染】、【分层云彩】，可再执行一次。

5）执行【滤镜】、【渲染】、【光照效果】，参考数值如图 3.62 所示。

图 3.62 光照效果对话框

6）执行【选择】、【反选】（可先执行"平滑"2 个像素），删除选区。

7）执行【图像】、【调整】、【曲线】，参考数值如图 3.63 所示。

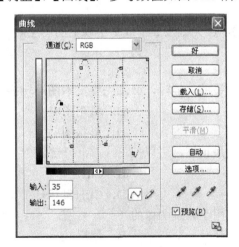

图 3.63 曲线对话框

8）执行【图像】、【调整】、【色彩平衡】进行适当着色。

9）制作倒影。

10）保存文件。

 本章习题

一、判断题

1. 形状图层不能直接应用众多的 Photoshop 7.0 功能，如色调和色彩调整以及滤镜功能等，所以必须先转换成普通图层之后才可使用。　　　　　　　　　（　　）

2. 将【样式】面板中的样式保存之后，其文件扩展名为.ASL。　　　　（　　）

3. 【反相】命令可以将一个正片黑白图像变成负片，或者将扫描的黑白负片转换成正片。　　　　　　　　　　　　　　　　　　　　　　　　　　　　　（　　）

4. 使用【合并可见图层】合并图层后，将删除隐藏图层中的图像。　　（　　）

5. 【色阶】命令是通过设置色彩的明暗来改变图像的明暗及反差效果的。

　　　　　　　　　　　　　　　　　　　　　　　　　　　　　　　　（　　）

6. 执行【通过拷贝的图层】和【通过剪切的图层】命令的功能后，将会产生一个新图层。　　　　　　　　　　　　　　　　　　　　　　　　　　　　　　（　　）

7. 使用【亮度/对比度】命令可一次性调整图像中的所有像素。　　　（　　）

8. 选中【自动选择图层】复选框后，用鼠标在图像窗口中单击图像，就可以自动选中图层。　　　　　　　　　　　　　　　　　　　　　　　　　　　　（　　）

9. 【样式】面板中的【清除样式】按钮与【删除样式】按钮的功能是一样的。

　　　　　　　　　　　　　　　　　　　　　　　　　　　　　　　　（　　）

10. 在【图层】面板上单击要重命名的图层名称，就可输入新名称。　（　　）

11. 【阈值】命令可以将灰度图像或彩色图像转换成为高对比度的黑白图像。

　　　　　　　　　　　　　　　　　　　　　　　　　　　　　　　　（　　）

12. 要分布链接图层，应先链接 2 个或 2 个以上的图层。　　　　　　（　　）

二、选择题

1. 对文本图层执行滤镜的功能时，必须先将文本图层转换为（　　　）。

　　A．普通图层　　　　　　　　　B．填充图层

　　C．背景图层　　　　　　　　　D．形状图层

2. 要将一个图层调到最顶层，可以按下（　　　）键。

　　A．Ctrl+]　　　　　　　　　　B．Ctrl+[

　　C．Ctrl+Shift+]　　　　　　　D．Ctrl+Shift+[

3. 【色阶】命令主要用于调整图像的（　　　）度。

　　A．明暗度　　　　　　　　　　B．色相

　　C．对比度　　　　　　　　　　D．以上都不对

4. 选择【图层】、【图层样式】、【创建图层】命令可以将图层样式（　　　）。

　　A．复制　　　　　　　　　　　B．粘贴

C．分离   D．删除

5. 要将当前图层与下一图层合并，可以按下（   ）键。

A．Ctrl+E   B．Ctrl+G

C．Ctrl+Shift+E   D．Ctrl+Shift+G

6. 选择【图层】面板菜单中的【拼合图层】命令可以将所有的图层合并，合并图层时会从图像文件中删去所有的（   ）。

A．隐藏图层   B．背景图层

C．普通图层   D．文本图层

7. 与【合并可见图层】相对应的快捷键是（   ）。

A．Ctrl+E   B．Ctrl+G

C．Ctrl+Shift+E   D．Ctrl+Shift+G

8. 要对图层进行对齐操作，必须先建立（   ）个或（   ）个以上的图层链接；要对图层进行分布操作，则必须先建立（   ）个或（   ）个以上的图层链接。

A．3、2、2、3   B．3、2、3、2

C．3、3、2、2   D．2、2、3、3

9. （   ）不属于背景图层的特点。

A．不透明   B．始终是锁定的

C．无法设置混合模式   D．不能直接执行滤镜功能

10. （   ）可以在当前图层中填入一种颜色（纯色或渐变色）或图案，并结合图层蒙版的功能，从而产生一种遮盖特效。

A．填充图层   B．背景图层

C．普通图层   D．文本图层

11. （   ）面板用于记录图像的颜色数据和保存蒙版内容。

A．【通道】   B．【图层】

C．【路径】   D．【颜色】

12. 当使用形状工具在图像中绘制图形时，就会在【图层】面板中自动产生一个（   ）。

A．文本图层   B．背景图层

C．普通图层   D．形状图层

13. 在（   ）图层上用户无法设置图像混合模式和不透明。

A．文本   B．背景

C．填充   D．形状

14. （   ）图层样式，可以在图层内容上填充一种渐变颜色。

A．颜色叠加   B．图案叠加

C．渐变叠加   D．以上都不对

15. 选中【图层】面板中的【锁定位置】按钮，此时用户无法对图层进行（   ）。

A．旋转和翻转   B．删除图层中的图像

C．填充颜色   D．执行滤镜功能

16. 若想增加一个图层，但在图层调色板的最下面 NEW LAYER（创建新图层）的按钮是灰色不可选，原因是下列选项种的（　　）（假设图象是 8 位/通道）。

    A．图像是 CMYK 模式　　　　　　　B．图像是双色调模式

    C．图像是灰度模式　　　　　　　　D．图像是索引颜色模式

17. 删除图层的方法是（　　）。

    A．选中要删除的图层，单击【图层】面板上的【删除图层】按钮。

    B．选中要删除的图层，选择【图层】面板菜单中的【删除图层】命令。

    C．选中要删除的图层，然后按下 Delete 键。

    D．直接用鼠标拖动图层到【删除图层】按钮上。

18. 如何复制一个图层（　　）。

    A．选择编辑、复制　　　　　　　　B．选择图层、复制

    C．选择文件、复制图层

    D．将图层拖放到图层面板的右下方创建新图层的图标上

三、填空题

1．作用图层效果时，只对_____起作用，从而产生一种填充效果，而对_____则不起作用，仍显示为透明。

2．Photoshop 提供了两种阴影效果的制作，分别为_____和_____。

3．在调节图像中间色调时不管是增加还是减少数值，图像的对比度都会被_____。

4．要删除图层组，可以选择【图层】菜单中_____子菜单中的_____命令。

5．如果要去掉一幅彩色图像的彩色部分，可以使用_____命令。

6．Photoshop 中提供了两种发光效果，分别是_____和_____。

7．选择【图层】、【对齐链接图层】、【顶边】命令，可以将所有_____最顶端的像素与_____最上边的像素对齐。

8．调整图层是一个特殊的图层，主要用来控制色调和_____的调整。

9．_____图层是一个不透明的图层，用户不能对它进行图层不透明度、图层混合模式和图层填充颜色的调整。

10．【色彩平衡】命令一般只用于对图像进行粗略的调整，如要进行精确的调整还要用到_____和_____来实现。

11．在【图层】面板中，某图层被选中后区别于其他图层，它会以较深颜色显示，这个图层被称为_____。

12．_____的作用是将选取范围之外的区域隐藏遮盖起来，仅显示蒙版轮廓的范围。

13．【自动色阶】命令可以将每个通道中最亮和最暗的像素定义为_____和_____，然后按比例重新分配中间像素值。

14．选择_____菜单中的_____命令，或者按下_____键可以显示【图层】_____面板。

读书笔记

第4章

图像处理综合应用实例

本章应知

- ◆ 【画笔】工具、【橡皮擦】工具、【裁切】工具的使用方法与技巧
- ◆ 【路径】工具及【路径面板】的使用
- ◆ 图层及蒙版的使用
- ◆ 滤镜的使用

本章应会

- ◆ 照片的处理
- ◆ 图形图像的绘制
- ◆ 邮票的制作
- ◆ 图像边框的制作

项目一 照片处理

实例 4.1（典型实例） 从生活照中提取证件照

设计效果图如图 4.1 所示（参见"作品/第 4 章/证件照 1 和证件照 2）。

图 4.1 证件照效果图

解题思路

1）使用【裁切】工具把需要的证件照裁切出来。
2）用【磁性套索】工具圈选证件的头像，反选后删除照片背景。

操作步骤

1）打开"素材/第 4 章/照片素材 1.jpg"文件，如图 4.2 所示。

图 4.2 照片素材 1

2）单击工具箱中的【裁切】工具，并设置好属性，如图 4.3 所示。

宽度: 3.54 厘米	高度: 5 厘米	分辨率: 72	像素/英寸

图 4.3 【裁切】工具属性

3）用【裁切】工具在照片需要的位置拖选，并调整好位置，如图 4.4 所示，然后单击回车确认。

4）连续按两次 Ctrl+ "+"，放大照片。然后用工具箱中的【磁性套索】工具，圈选人物头像，如图 4.5 所示。

图 4.4　裁切

图 4.5　圈选人物头像

5）单击【选择】菜单中的【羽化】命令，羽化半径为 1 像素。

6）设置背景色为白色，按 Ctrl+Shift+I 键反选，然后按键盘上的 Delete 键，删除选区。效果如图 4.6 所示，最后按 Ctrl+D 键取消选区，保存文件名为 "证件照 1.jpg"。

7）重新打开 "照片素材 1.jpg" 文件，把右边小朋友的证件照做出来，完成效果如图 4.7 所示，保存文件名为 "证件照 2.jpg"。

图 4.6　删除背景

图 4.7　右边小朋友证件照

 同步练习

打开 "素材/第 4 章/照片素材 2.jpg" 文件，把自己喜欢的小朋友做成蓝底大一寸证件照。

实例 4.2（提高练习）　照片的合成

设计效果图如图 4.8 所示（参见 "作品/第 4 章/照片的合成"）。

图 4.8　照片合成效果图

　解题思路

1）打开"素材/第 4 章/照片素材 3.jpg"和"校园风景.jpg"文件，如图 4.9 所示。

图 4.9　照片素材

2）用【磁性套索】工具或【钢笔】工具圈选出"照片素材 3"文件中的人物图像。

3）用【移动】工具拖动到"校园风景"文件中。

4）按 Ctrl+T 键调整人物的大小，最好摆放好位置。

5）保存文件名为"照片的合成.psd"。

实例 4.3（典型实例）　简单像框的制作 1

设计效果图如图 4.10 所示（参见"作品/第 4 章/简单画框"）。

图 4.10　简单像框效果图

操作步骤

1）打开"素材/第 4 章/照片素材 3.jpg"文件。

2）单击【自定义形状】工具，在【自定义形状】工具的属性中选中【填充像素】，在形状的下拉列表中选中自己喜欢的画框，如"画框 7"，如图 4.11 所示。

图 4.11　自定义形状属性设置

3）新建图层，在新层中画出画框，如图 4.12 所示。

4）在【样式】调板中选中自己喜欢的样式，如图 4.13 所示，如【超范围喷涂（文字）】样式，效果如图 4.14 所示。

5）按 Ctrl+T 键，适当调整相框的角度和大小，如图 4.15 所示。

图 4.12　画框效果

图 4.13　　选用样式

图 4.14　超范围喷涂（文字）样式

图 4.15　　旋转缩放相框

6）把图层 1 复制一层，按 Ctrl+T 键，适当调整新相框的角度和大小，然后在【样式】调板中选中【雕刻天空（文字）】样式，效果如图 4.16 所示。

图 4.16　简单画框效果

7）保存文件名为"简单画框.psd"。

　同步练习

打开"素材/第 4 章/照片素材 2.jpg"文件，参照任务 3 的方法，使用其他【自定义形状】工具和其他【样式】，做成别的画框效果。

实例 4.4（提高实例）　简单像框的制作 2

设计效果图如图 4.17 所示（参见"作品/第 4 章/像框效果"）。

图 4.17　简单像框 2 效果图

　操作步骤

1）打开"素材/第 4 章/照片素材 1.jpg"和"相框素材.jpg"文件，如图 4.18 所示。

图 4.18　像框素材文件

2）用工具箱中的【移动】工具把像框拖放到照片图层的上方，通过 Ctrl+T 键把像框大小变得与照片一样大。

3）单击【图层调板】中的【添加矢量蒙版】按钮，给像框层增加图层蒙版，并选中图层蒙版，如图 4.19 所示。

4）用【画笔】工具（黑色，硬度 0%）给蒙版上色，画笔经过的地方看得到下面照片的内容，其他地方则保留原像框的内容，效果如图 4.20 所示。

图 4.19　添加图层蒙版

图 4.20　最终效果

5）保存文件名为"像框效果.psd"。

　同步练习

1）打开"照片素材 1.jpg"和"相框素材.jpg"文件，请考虑另一种方法（不使用蒙版），做出如图 4.17 所示"简单像框 2"的像框效果。

2）打开"素材/第 4 章/照片素材 2.jpg"和"面具.jpg"文件，让每个小朋友戴上面具，效果如图 4.21 所示。

图 4.21　戴面具照片效果图

3）打开"素材/第 4 章/曲线调整（暗色）.jpg"文件，通过调整照片的曲线得到比较满意的照片效果。

4）打开"素材/第 4 章/彩照.jpg"，把它变为黑白照。

5）打开"带痕迹的照片.jpg"，把额头上的红线去除（提示：方法 1 用修复画笔工具；方法 2 用仿制图章工具）。

6）老师带学生去拍摄一些校园生活照片，并从网上下载一些相框，每个同学完成以下工作：①做自己的半寸证件照；②做三种相框效果；③做人物与风景的合成效果。

项目二 图像的绘制

实例 4.5（典型实例） 绘制翠竹图

设计效果图如图 4.22 所示（参见"作品/第 4 章/翠竹图"）。

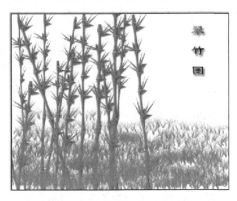

图 4.22 翠竹效果图

 **解题思路**

1）通过修改路径生成竹竿和竹叶选区，然后通过填充不同深浅的绿色制作竹竿和竹叶。

2）通过竹竿和不同组合做成竹林。

3）使用【画笔】工具制作草地。

 操作步骤

1. 制作竹竿

1）新建文件，宽度为 200 像素、高度为 400 像素、RGB 颜色、分辨率为 72 像素/英寸、背景为透明。

2）单击工具箱中的【矩形选框】工具，用鼠标在画布窗口拖出一个矩形选区。

3）选中【路径】调板，单击【从选区生成工作路径】，然后选中工具箱中的【直接选择】工具，在路径的一侧线中间单击鼠标右键，【添加锚点】，同理完成另一侧。然后用鼠标拖移新加的锚点，修改路径的形状，如图 4.23 所示。完成后单击【将路径作为选区载入】。

4）单击工具箱内的【渐变】工具，选中【线性渐变】，双击【渐变编辑器】按钮，在对话框中设置渐变色为绿色→浅绿色→深绿色→绿色，如图 4.24 所示，然后确定。

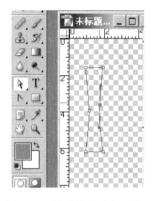

图 4.23　修改竹竿路径形状　　　　　　　图 4.24　设置竹竿的渐变色

5）用鼠标在选区水平拖动，绘制出一节竹竿图像，然后按 Ctrl+D 键取消选区，最后单击【路径】调板的空白处取消路径的选中状态。

6）新建图层，单击工具箱中的【椭圆选框】工具，创建一个椭圆选区，并垂直填充渐变色（渐变色与竹竿一致），作为竹节，放在竹竿的上方，然后复制一个竹节图层，并把新竹节放在竹竿下方，最后单击【图层】、【合并可见图层】菜单命令，效果如图 4.25 所示。

7）按 Ctrl+T 键，调整竹杆的大小、旋转角度和所在位置，按回车键确认。

8）复制多份竹竿图像，并分别用 Ctrl+T 键调整好竹竿的大小、旋转角度和所在位置，排列成一根完整的竹竿，然后单击【图层】、【合并可见图层】菜单命令，合并图层，如图 4.26 所示。

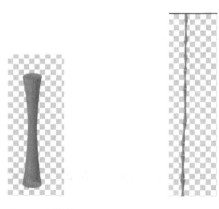

图 4.25　一节竹竿　　　　　图 4.26　一根完整的竹竿

2．制作竹叶

1）新建文件，宽度为 200 像素、高度为 400 像素、RGB 颜色、分辨率为 72 像素/英寸、背景为透明。

2）单击工具箱中的【多边形套索】工具，在画布中创建一个类似竹尖的三角形选区。

3）单击工具箱内的【渐变】工具，选中【线性渐变】，双击【渐变编辑器】按钮，在对话框中设置渐变色为绿色→浅绿色→深绿色→绿色，然后用鼠标在选区内如图 4.27 所示的垂直于直线的方向拖曳，填充竹叶选区。

4）单击工具箱中的【橡皮擦】工具，擦除竹叶中多余的部分，效果如图 4.28 所示。

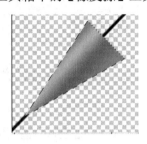

图 4.27　填充竹叶选区　　　　　图 4.28　竹叶图形

 提　示　也可用修改路径的方法来做竹叶。

3．制作竹林

1）新建文件，文件名为"翠竹图"，宽度为 500 像素、高度为 400 像素、RGB 颜色、分辨率为 72 像素/英寸、背景为白色。

2）用工具箱中的【移动】工具把竹叶和竹竿拖到"翠竹图"画布中，按 Ctrl+T 键分别调整竹竿和竹叶的大小，把竹叶再复制多几份，分别按 Ctrl+T 键自由变换，拼成一根完整的竹子，最后拼合可见图层（要把背景层设为不可见），如图 4.29 所示。

3）将制作好的竹子复制多份，然后按 Ctrl+T 键进行自由变换，摆好位置，将复制好的竹子拼成竹林。最后拼合可见图层（要把背景层设为不可见），如图 4.30 所示。

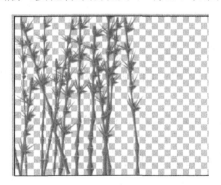

图 4.29　一根竹子　　　　　　　图 4.30　竹林

4．制作草地

1）新建图层，单击工具箱中的【画笔】工具，在属性栏中单击【切换画笔调板】按钮，单击画笔笔尖形状，笔触为"草"，直径 30，间距 30%，如图 4.31 所示。

2）选中【动态形状】复选框，设置各参数值如图 4.32 所示。

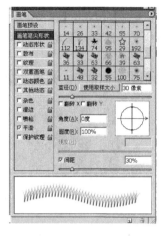

图 4.31 【画笔】设置　　　　　　图 4.32 【画笔】的动态形状

3）设置前景色为绿色，用设置好的【画笔】工具在画布下方随意绘制一些草，效果如图 4.33 所示。

图 4.33　翠竹图

5．创建文字

1）单击工具箱中的【直排文字】工具，字体为隶书，大小为 52 点，文字颜色为黑色。

2）打开【样式】调板，如图 4.34 所示，选中【条纹锥形（按钮）】样式，为文字设置图层样式。

3）最终效果如图 4.35 所示。

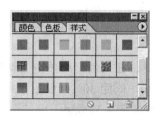

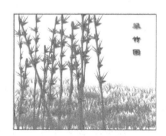

图 4.34　文字图层样式　　　　　　图 4.35　最终效果图

知识 4.1　【画笔】工具的使用

【画笔】工具可以创建比较柔和的线条，效果类似于毛笔画出的线条。在工具箱中，单击【画笔】图标按钮，就可显示【画笔】工具属性栏。在这里可以进行画笔笔刷的选择，湿边效果的选择，不透明度的选择等。

知识 4.2　Photoshop 画笔笔刷的安装和使用方法

Photoshop 软件自带的【画笔】笔刷比较单一，我们可以到互联网上下载许多漂亮的笔刷，也可以自己制作个性化的笔刷，但是这些都必须要安装在 Photoshop 软件中才可以使用。Photoshop 笔刷的后缀名为 abr，安装方法如下。

1. 直接复制粘贴

1）打开电脑中的 Photoshop 所安装的文件夹。
2）找到名为"brush"的文件夹（brush 意为画笔），将下载的画笔笔刷放在这里。例如存盘路径为：D:\Photoshop CS\预置\画笔。

2. 在【预设管理器】中安装

1）打开 Photoshop 软件，单击菜单【编辑】、【预设管理器】。
2）在弹出的【预置管理器】对话框中预置类型选择【画笔】。
3）在【载入】对话框中找到笔刷后按【载入】按钮。

3. 在【画笔】工具中安装

1）打开 Photoshop 软件，单击【画笔】工具。
2）在【画笔】设置面板中点选隐藏的命令，从中可找到【载入画笔】。
3）打开【载入】面板后，按保存的路径点选所需的笔刷即可。
4）如果还想用原来的笔刷，可以从菜单中选择【复位画笔】，就可以恢复原来的笔刷了。

实例 4.6（提高实例）　绘制西红柿

设计效果图如图 4.36 所示（参见"作品/第 4 章/大红西红柿"）。

图 4.36　大红西红柿

解题思路

1）新建文件，宽度为 600 像素、高度为 450 像素、RGB 颜色、分辨率为 72 像素/英寸、背景为白色。

2）新建两个图层，用钢笔路径工具在不同的图层画出西红柿和叶子的形状，并分别填充红色和绿色，如图 4.37 所示。

3）用【滤镜】、【杂色】、【添加杂色】命令对西红柿图形添加杂色，如图 4.38 所示。

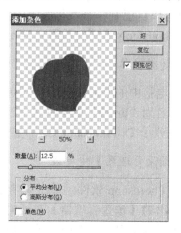

图 4.37　大红西红柿路径　　　　　　　图 4.38　添加杂色滤镜

4）用【滤镜】、【扭曲】、【球面化】设置西红柿图形。

5）用工具箱中的【加深】工具分别设置西红柿图形和叶子图形的暗色部位。

6）用颜色为#B42024，硬度为 0%，直径为 65 像素的画笔在西红柿图形的中心地带及两边边缘稍微涂抹一下，产生表皮效果。

7）用颜色为白色，硬度为 0%，直径为 120 像素，流量为 40%的大画笔在中心两边和上方稍微涂抹两下，形成白雾状。然后把画笔改小，直径设为 30 像素，在白雾中间点两个白点，效果如图 4.39 所示。

图 4.39　大红西红柿

8）最后写文字，保存文件名为"大红西红柿.psd"。

同步练习

利用"素材/第 4 章/大红西红柿.psd"和"水果篮.psd"文件，做出不同颜色、不同大小的西红柿，放在水果篮中，参考效果图如图 4.40 所示。

图 4.40　水果篮效果图

项目三　邮票的制作

实例 4.7（典型实例）　制作小鸟邮票 1

设计效果图如图 4.41 所示（参见"作品/第 4 章/邮票 1"）。

解题思路

图 4.41　邮票 1 效果图

1）把素材图片圈选后羽化，做出邮票图片。

2）用间距比较大的画笔描边素材图片路径，制作邮票锯齿边。

3）用【文字】工具制作文字，使用文字调板中的【创建变形文字】工具对文字进行变形，产生半环形排列文字效果。

4）用【橡皮擦】工具擦出邮戳印迹效果。

操作步骤

1. 做出邮票图片

1）打开"素材/第 4 章/邮票素材 1.jpg"的素材文件，如图 4.42 所示。

2）按 Ctrl+A 键选择画布，选择菜单中的【图层】、【新建】、【通过剪切的图层】，将选区剪切到图层 1。

3）用【工具箱】中的【椭圆选框】工具建立椭圆选区，然后再用菜单中的【选择】、【变换选区】对选区进行旋转和缩放，然后按回车确定，如图 4.43 所示。

4）单击菜单中的【选择】、【羽化】羽化半径 5，然后按 Ctrl+Shift+I 键对选区反选，填充白色，如图 4.44 所示，最后按 Ctrl+D 键取消选区。

图 4.42　邮票素材　　　　图 4.43　修改选区　　　　图 4.44　羽化效果

2．制作锯齿边

1）选中图层 1，按 Ctrl+A 键，单击路径调板，在路径调板中选中【从选区生成工作路径】按钮。

2）设前景色为黑色，单击工具箱中的【画笔】工具，在属性栏中单击【切换画笔调板】按钮，单击【画笔笔尖形状】，直径 8，硬度为 100%，间距为 200%，如图 4.45所示。

3）在路径面板中，单击【用画笔描边路径】，效果如图 4.46 所示。然后在路径调板的空白处单击，取消路径选定状态。

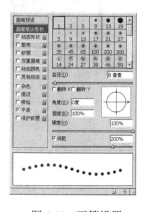

图 4.45　画笔设置　　　　图 4.46　画笔描边效果　　　　图 4.47　画布设置

4）回到图层面板，单击菜单【图像】、【画布大小】，设置如图 4.47 所示，注意画布扩展颜色为前景色，将画布扩边，效果如图 4.48 所示。

 提　示　也可用自定义形状工具中的"邮票 2"形状制作锯齿边。

3．文字输入

添加文字：选择【横向文本】工具在图像上添加"中国邮政"、"CHINA"、"80 分"等文字，字体宋体、大小和排列如图 4.49 所示。

图 4.48 邮票效果

图 4.49 邮票的文字

4. 邮戳的制作

1）新建文件，宽度：640 像素，高度：480 像素，分辨率为 72 像素/英寸，RGB 颜色，背景白色。

2）在新图层中用【椭圆选区】工具建立圆形选区，然后用 4 像素黑色描边。

3）选择【横向文本】工具在图像中添加文字"2007.6.1"。确定后再选择【文本】工具添加文字"广州"，单击文字属性中的【创建变形文本】按钮，在样式中选择【扇形】，弯度"50%"，变形文字对话框设置如图 4.50 所示，效果如图 4.51 所示。

图 4.50 变形文字设置 1

图 4.51 变形文字效果 1

4）同理，选择【文本】工具添加文字"天河区营业厅"，单击文字属性中的【创建变形文本】按钮，在样式中选择【扇形】，弯度"-100%"，对话框设置如图 4.52 所示。然后按 Ctrl+T 键，调整大小，移动好位置，效果图如图 4.53 所示。

5）合并除背景层之外的图层。

6）用硬度为 0%的【橡皮擦】工具擦出邮戳印迹，效果如图 4.54 所示。

图 4.52 变形文字设置 2

图 4.53 变形文字效果 2

提 示 也可用文字沿路径的方法生成弯曲文字效果。

5. 效果修饰

1）用【移动】工具拖动邮戳到邮票图像中，移动到合适的位置，按 Ctrl+T 键，调整好大小和方向，最终邮票效果如图 4.55 所示。

2）保存文件名为"邮票 1.psd"

图 4.54　邮戳最终效果　　　　　　图 4.55　最终效果图

图 4.56　邮票 2 效果图

实例 4.8（提高实例）　制作小鸟邮票 2

设计效果图如图 4.56 所示（参见"作品/第 4 章/邮票 2"）。

 解题思路

参照实例 4.7 的第一和第二大步骤做出小鸟邮票图片和锯齿边效果，然后合并到"邮票 1.psd"。

1）打开"作品/第 4 章/邮票 1.psd"和"素材/第 4 章/邮票素材 2.jpg"。

2）首先处理邮票素材 2，用【椭圆选框】工具画出小鸟部分选区，然后用菜单【选择】、【变换选区】命令对选区的大小、方向进行修改，确定后对选区进行羽化（羽化半径 5），羽化后按 Shift+Ctrl+I 键进行反选，设置背景色为白色，最后按 Ctrl+D 键取消选区。

3）回到"邮票 1.psd"，Ctrl+单击小鸟所在的图层图层 1，然后用【选框】工具把选区拖移到"邮票素材 2.jpg"，使用菜单【图层】、【新建】、【通过剪切的图层】生成图层 1，然后把背景层填充黑色。

4）Ctrl+单击图层 1，然后把选区变为工作路径，用间距为 200%，直径为 8，硬度为 100%的画笔描边路径，最后取消路径的选中状态。

5）用【移动】工具把图层 1 拖到"邮票 1.psd"文件，删除原来的小鸟图像所在的图层 1，最后另存为"邮票 2.psd"即可，如图 4.57 所示。

图 4.57　效果图

同步练习

　　打开"作品/第 4 章/邮票 1.psd"和"邮票 2.psd",做成方联邮票的效果,参考效果图(见"作品/第 4 章/方联邮票"),如图 4.58 所示。

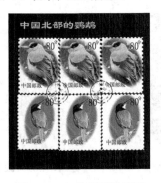

图 4.58　方联邮票效果图

项目四　像框的制作

实例 4.9(典型实例)　七彩鹦鹉像框的制作

　　设计效果图如图 4.59 所示(参见"作品/第 4 章/七彩鹦鹉")。

图 4.59　七彩鹦鹉效果图

 解题思路

1）通过画布大小的调整加边框，然后用滤镜中的"龟裂纹"做边框图案效果，用图层样式的"斜面和浮雕"做边框立体效果。

2）鹦鹉像框图、背景图和小鸟的合成。

3）最后用 Photoshop 自带的样式做文字效果。

 操作步骤

1．绘制像框

1）打开"素材/第 4 章/七彩鹦鹉像框图.jpg"，如图 4.60 所示。

图 4.60　素材　　　　　　　图 4.61　画布大小设置

2）前景色设为白色，使用菜单【图像】、【画布大小】，设置如图 4.61 所示，使图像四周产生扩展 1 厘米的白边，如图 4.62 所示。

3）用【魔棒】工具选中白色的画布，按菜单【图层】、【新建剪切图层】，并将该图层选区填充土黄色，最后按 Ctrl+D 键取消图层选区。

4）单击菜单【滤镜】、【纹理】、【龟裂缝】命令，做出龟裂缝效果，如图 4.63 所示。

5）单击图层调板下的【添加图层样式】，选中【浮雕和斜面】选项，按图 4.64 进行设置，然后按菜单【图层】、【拼合图层】命令，效果如图 4.65 所示。

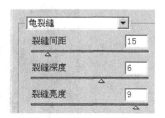

图 4.62　白边效果　　　　　图 4.63　"龟裂缝"对话框设置

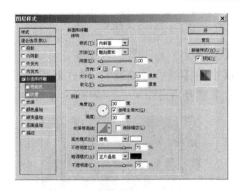

图 4.64 "图层样式" 对话框设置

6）打开"七彩鹦鹉背景.jpg"文件，用【移动】工具把已做好的"七彩鹦鹉像框图"移到背景文件中。按 Ctrl+T 键，将"像框图"的大小、位置和角度调整到最佳效果，如图 4.66 所示。

图 4.65 效果图 1　　　　　　图 4.66 效果图 2　　　　　　图 4.67 鹦鹉叼照片效果

2．制作鹦鹉叼照片的效果

1）单击【背景】图层，用工具箱中的【磁性套索】工具，圈中鹦鹉的嘴，单击菜单【图层】、【新建】、【通过拷贝的图层】命令，生成"图层 2"。

2）将"图层 2"移到"图层 1"的最上方，效果如图 4.67 所示。

3．制作小鸟图像

1）打开素材"小鸟.jpg"文件，用【磁性套索】工具圈出小鸟形状，如图 4.68 所示，用【移动】工具拖到"七彩鹦鹉"文件中，如图 4.69 所示。

2）按 Ctrl+T 键，调整好小鸟的方向、大小和位置。

图 4.68 小鸟选区　　　　　　图 4.69 鹦鹉与小鸟

4．制作文字

1）单击工具箱中的【横排文字】工具输入文字。

2）选中【样式】调板中的【毯子（纹理）】样式即可，最终效果图如图 4.70 所示。

3）保存文件名为"七彩鹦鹉.psd"。

图 4.70　最后效果图

同步练习

打开"作品/第 4 章/七彩鹦鹉.psd"文件，加上自己喜欢的图像外像框，小鸟和小像框放在大像框上，参考效果图（见"作品/第 4 章/七彩鹦鹉外像框"）如图 4.71 所示。

图 4.71　七彩鹦鹉像框效果图

实例 4.10（提高实例）　一篮水果艺术边框

设计效果图如图 4.72 所示（参见"作品/第 4 章/一篮水果（喷色描边滤镜）"）。

图 4.72　艺术边框效果图

解题思路

1）将图片的画布增大。

2）把增大的部分变为蒙版，然后对蒙版进行模糊和填充色处理。

3）使用滤镜制作艺术边框效果。

操作步骤

1. 艺术边框前期工作

1）打开"素材/第 4 章/一篮水果.jpg"，如图 4.73 所示。

2）按 Ctrl+J 键，将背景层复制生成"图层 1"，然后为背景层填充黑色。

3）将工具箱中的背景色设置为黑色，设置"图层 1"为当前工作层，选中菜单中的【图像】、【画布大小】命令，按如图 4.74 设置，将照片画布增大，效果如图 4.75 所示。

4）单击 Ctrl+图层 1，载入图层选区，单击图层调板下的【添加矢量蒙版】按钮，添加图层蒙版，如图 4.76 所示。

图 4.73　一篮水果素材文件　　　　　图 4.74　画布大小设置

图 4.75　画布增大效果

图 4.76　载入图层蒙版选区

5）选取菜单【滤镜】、【模糊】、【高斯模糊】命令，设置半径为 33 像素。

6）按 Ctrl+图层 1 右侧的蒙版，载入蒙版选区。

7）按 Ctrl+Shift+I 键，将载入的选区反选，如图 4.77 所示。

8）设置工具箱中前景色为黑色，然后对选区进行填充，连续五次，填充后的效果如图 4.78 所示，最后按 Ctrl+D 键去除选区。

图 4.77　反选选区效果

图 4.78　连续填充效果

2．艺术边框的制作

1）选取菜单中的【滤镜】、【画笔描边】、【喷色描边】命令，参数设置如图 4.79 所示。

2）最后完成的效果如图 4.80 所示。

图 4.79　【喷色描边】设置

图 4.80　艺术边框效果

同步练习

打开"素材/第 4 章/一篮水果.jpg，"参照任务六的步骤，使用不同的滤镜，生成三种不同的艺术边框。参考效果图如图 4.81 所示（参见"作品/第 4 章/一篮水果（晶格化滤镜，玻璃-块状滤镜，彩色半调滤镜）"）。

图 4.81　艺术边框效果图

本章习题

一、选择题

1．将鼠标移到色板上，单击鼠标可改变工具箱的前景色，按住（　　）并单击鼠标可改变背景色？

A．Tab 键　　　　B．Shift 键　　C．Ctrl 键　　　　D．Alt 键

2、如果需要关闭包括工具箱在内的所有调板，需要敲击（　　）。

A．Tab 键　　　　B．Shift 键　　C．Ctrl 键　　　　D．Alt 键

3．【新建】命令对话框中不可设定的是（　　）；

A．宽度和高度　　B．分辨率　　C．色彩模式　　D．文件格式

4．临时切换到【抓手】工具的快捷键是（　　）。

A．Alt　　　　　B．Shift　　　C．空格键　　　　D．Ctrl

5．Photoshop 内定的历史记录是（　　）。

A．5 步　　　　　B．10 步　　　C．20 步　　　　D．100 步

6．下面对"图像尺寸"命令描述正确的是（　　）（请选择两个答案）。

A．【图像尺寸】命令用来改变图像的尺寸

B．【图像尺寸】命令可以将图像放大，而图像的清晰程度不受任何影响

C．【图像尺寸】命令不可以改变图像的分辨率

D．【图像尺寸】命令可以改变图像的分辨率

7．用矩形选框工具画正方形选区应同时按住（　　）。

A．Shift　　　　B．Ctrl　　　C．Alt　　　　D．Tab

8．单列选框工具所形成的选区是否可以填充？（　　）

A．是　　　　　B．否

9．对【魔棒】工具描述正确的是（　　）（请选择两个答案）。

A．在魔棒选项调板中可以通过改变容差数值来控制选择范围

B．在魔棒选项调板中容差数值越大选择颜色范围就越大

C．在魔棒选项调板中容差数值越大选择颜色范围就越小

D．魔棒只能作用于当前图层

10．当需要画一个以鼠标击点为中心的正方形，应按住键盘中的（　　）键（请选择两个答案）。

A．Shift　　　B．Ctrl　　　C．Alt　　　　D．Tab

11．在 Photoshop 中使用菜单命令【编辑】、【描边】时，选择区的边缘与被描线条之间的相对位置可以是（　　）。

A．居内　　　B．居中　　C．居外　　　D．同步

12．以下属于【填充】对话框中的参数的选项有（　　）。

A．自定义图案 B．模式　　　C．不透明度　 D．保留透明区域

13. 以下不属于【路径】面板中的按钮的有（　　）。

　　A．用前景色填充路径　　　　　B．用画笔描边路径

　　C．从选区生成工作路径　　　　D．复制当前路径

14. 在 Photoshop 中，文本图层可以被转换成（　　）。

　　A．工作路径　　B．快速蒙版　　C．普通图层　　D．形状

15. 以下选项中属于【字符】面板参数的有（　　）。

　　A．粗体　　　　B．下划线　　　C．字体　　　　D．斜体

16. 以下选项中属于图层的混合模式的有（　　）。

　　A．正常　　　　B．强光　　　　C．溶解　　　　D．叠加

二、填空题

1. 【抓手】工具的作用是_____。

2. 标尺的显示和隐藏可以通过_____菜单命令实现。

3. 选择【图像】菜单下的_____菜单命令，可以设置图像的大小及分辨率的大小。

4. 选择【图像】菜单下的_____菜单命令，可以设置图像的画布大小。

5. 使用仿制图章工具时，需要先按_____键定义图案；在图案图章工具属性栏中选中_____复选框，可以绘制类似于印象派艺术画效果。

6. 橡皮工具组包括【橡皮擦】工具、_____和_____等 3 种工具。

7. 【修复】工具和_____都可以用于修复图像中的杂点、蒙尘、划痕及褶皱等。

8. 使用_____工具可以移动图像；使用_____工具可以将图像中的某部分图像裁切成一个新的图像文件。

9. 在 Photoshop 中，如果希望准确地移动选区，可通过按方向键。但每按一次方向键，选择区只能移动_____像素。如果希望每按一次方向键选择区移动 10 像素，那么，在移动选择区时需同时按住_____键。

10. 【模糊】工具的作用是_____。

11. 填充图像区域可以选择_____菜单命令实现，描边图像区域的边缘可以选择_____菜单命令实现。

12. 使用【画笔】工具绘制的线条比较柔和,而使用【铅笔】工具绘制的线条_____。

读书笔记

_____

_____

_____

_____

_____

第5章

报纸广告设计应用实例

本章应知

- ◆ 了解报纸广告的特点
- ◆ 熟悉报纸广告的版式安排
- ◆ 熟悉报纸广告的设计原则
- ◆ 探索报纸广告的创意设计方法

本章应会

- ◆ 能独立完成本章各任务的具体操作
- ◆ 根据所学的知识要点,能够创造性地完成类似的工作任务
- ◆ 对 Photoshop 工具软件有更深入的认识和掌握,学会更多的使用技巧

项目一　相关知识点介绍

报纸广告是现代广告的重要形式之一。由于报纸是几十年、上百年以来始终高居所有媒体之首的一种信息传播工具，因此，报纸广告就成了平面广告中印数最多、传播最广的一种广告形式。报纸的发行范围有全国性、区域性和地方性之分，在内容上又有综合性和专业性之分，所以报纸广告也会根据报纸性质的不同有所侧重。想一想，电脑报上的广告是不是多与 IT 产品有关？无论如何出不会出现饲料的广告。

知识 5.1　报纸广告的优点

（1）报纸的版面大，篇幅多，可供广告主充分地进行选择

凡是要向消费者做详细介绍的广告，利用报纸做广告是极为有利的。因为报纸可提供大版面的广告刊位，可以详细地刊登广告内容，或做具有相当声势的广告宣传。

（2）报纸由于具有特殊的新闻性和权威性，从而使广告在无形之中增加了可信度

新闻与广告的混排可以增加广告的阅读力，对广告功效的发挥有直接的影响。报纸的新闻性的可信度是其他媒介无法比拟的。由于读者对报纸的信任，无形中提升了对报纸广告的信赖感。

（3）报纸灵活性高

用户可以根据需要选择整版、半版、1/4 版或通栏版面进行广告宣传，并且可以在开机印报前或制版前对广告进行更改或撤换。一般情况下，广告稿在开机印报前几个小时送达，即可保证准时印出，这给广告用户提供了极大的方便。

（4）报纸具有保存价值

报纸内容无阅读时间的限制。读者可以一翻而过，也可以细细品味，甚至加以剪贴和保存。

（5）价格相对低

报纸广告制作成本低，广告费用较低，宣传发行量比较高。

知识 5.2　报纸广告的缺点

报纸广告与其他平面广告形式相比，在广告宣传方面也具有一些不可克服的缺点，具体表现在以下几个方面。

（1）生命周期短

由于报纸一般为日报，其最有效的生命周期即为一天，所以广告时效受到限制，过期的报纸很难再让人留意。

（2）版面拥挤，影响宣传效果

由于受版面限制，经常造成同一版面的广告拥挤，影响广告的宣传效果。

（3）对受众有一定文化水平的要求

报纸内容无法对低文化水平的人产生广告效果，不如电视广告有声有色，老幼皆宜。

（4）广告图片印刷质量不高

与杂志广告相比，报纸广告的图像质量不高，色彩的色调不够逼真，影响宣传效果。

知识 5.3 报纸广告的版式安排

目前世界上各国的现代报纸幅面主要有对开、四开两种，其中我国对开报纸幅面为780mm×550mm，版心尺寸为350mm×490mm×2，横排与直排所占比例约8∶2。四开报纸幅面尺寸为540mm×390mm，版心尺寸为490mm×350mm，中缝（小五号）86行×12字（1032字）。报纸在经济、政治、文化等综合因素制约下，版面从最少四版到数百版不等，并按顺序称之为第一版、第二版、第三版、第四版……

报纸版面是版面元素有规则的组合。各种不同的版面元素都有各自内含的意义和特定作用。现代报纸版面构成如图 5.1 所示。

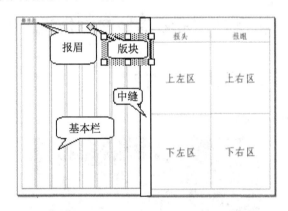

图 5.1 报纸版面

报纸广告的面积可大可小，所以规格很多，主要有全版、横跨双页版、半版、四栏25cm、八栏 10cm（或 8cm）、报眼、中缝等，一般来说，不同的报纸有不同尺寸，如广州日报 A1 版的大小为 43.8cm×35cm。

由于报纸使用的纸张是新闻纸，其质地和密度决定了它对油墨的承受力，所以对比不明显的图片会变得很模糊，设计时应该尽量避免使用。另外，由于报纸印刷通常不能如实反映作品的丰富色彩或光影效果，因此，在设计报纸广告时允许对色彩稍作夸张。

知识 5.4 报纸广告的设计原则

（1）保持统一的风格，连续刊登

成功的广告往往具备始终如一的风格。从广告心理学角度来看，报纸广告应讲究刊登频率，连续刊登的广告效果较为明显，可以给受众加深印象，而始终如一的风格可以使诉求效果最优化。

（2）使用突出而醒目的标题

醒目的标题可以在"瞬间"抓住公众视觉，让消费者一目了然。

（3）采取简洁明快的构图

报纸广告的构图不应太复杂，应尽量简化，以能引导读者按照正常顺序读完全文为根本。广告构图的内容，从标题、图片、广告词、价格到单位名称、地址、电话都应有统一的格局，布局要疏密有致，不要过分拥挤。

报纸广告的优势之一就是能够做详尽的说明，所以要充分利用这一优势，详尽地说明广告产品的利益特点。

（4）版面大小、位置安排要科学

广告版面越大，广告效果越好，但广告费用也越高。第一版引人注目，效果最佳，其他各版、插页、中缝位置的效果依序次之。广告位置不同，效果不同，费用也不同。因此要根据实际情况选择版面。

项目二　报纸房地产广告设计

实例 5.1（典型实例）　镜湖山庄广告 1

设计效果图如图 5.2 所示。

图 5.2　镜湖山庄设计效果图

创意设计思想：你想拥有一个宁静温馨的家吗？这里有山、有林、有水，这是环境优美，空气清新，还犹豫什么？"选把钥匙看海景"，这就是这则广告的创意。

 提　示　本例作品参见"作品/第 5 章"目录下的"报纸房地产广告——镜湖山庄"，打开的图像素材为"素材/第 5 章"目录下的"镜湖山庄环境"，"镜湖山庄楼盘"，"镜湖山庄文字"。

 **解题思路**

1）利用【选择】工具、【移动】工具、图像变换操作、图像色彩调整、图层样式等

制作报纸房地产广告中的"镜湖山庄"文字效果。

2）利用【选择】工具、【移动】工具、图像变换操作等制作报纸房地产广告中的楼盘效果。

3）使用【自定义形状】工具中的钥匙2制作白色钥匙效果。

4）用【钢笔】工具和【路径调整】工具、【画笔】工具等绘制楼盘的位置图。

操作步骤

1．制作标志文字"镜湖山庄"

1）执行菜单栏【文件】中的【打开】命令，打开"素材\第 5 章"文件夹中的"镜湖山庄环境.jpg"，如图 5.3 所示，将其另存为"报纸房地产广告——镜湖山庄.psd"文件。

2）执行菜单栏中的【打开】命令，打开"素材\第 5 章"文件夹中的"镜湖山庄文字.jpg"，如图 5.4 所示。

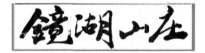

图 5.3 打开的图像文件　　　　　　　图 5.4 打开的图像文件错误!

3）执行菜单【图像】、【调整】、【色阶】命令，在弹出的【色阶】对话框中设置各项参数，如图 5.5 所示，然后单击【好】按钮。

4）执行菜单【选择】、【色彩范围】命令，弹出【色彩范围】对话框，单击图像窗口中的文字，然后再设置其他参数，如图 5.6 所示。

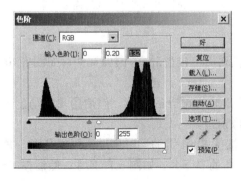

图 5.5 【色阶】对话框　　　　　　　图 5.6 【色彩范围】对话框

5）单击【好】按钮，则画面中黑色的毛笔字被选中。

6）使用工具箱中的【移动】工具，将画面中的选择区域拖动至"报纸房地产广告—镜湖山庄"图像窗口中。

7）按 Ctrl+T 组合键添加变形框，然后在按住 Shift 键的同时拖动变形框任意一角的控制点，等比例缩小毛笔字图像，并将其移至画面的右上角，如图 5.7 所示，然后按 Enter 键确认变换操作。

图 5.7　变换文字图像

8）执行【图层】、【图层样式】、【描边】命令，在弹出的【图层样式】对话框中设置描边色为白色，并设置其他各项参数如图 5.8 所示，然后单击【好】按钮，则文字图像产生描边效果，如图 5.9 所示。

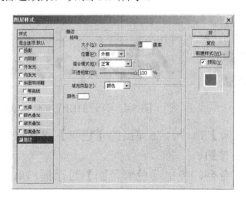

　　图 5.8　"图层样式"对话框　　　　　　图 5.9　文字图像的描边效果

2. 添加图形元素

1）打开"素材/第 5 章"文件夹中的"镜湖山庄楼盘.jpg"图像文件，如图 5.10 所示。

2）使用工具箱中的【磁性套索】工具圈出高楼部分的区域，然后用【移动】工具拖动到"报纸房地产广告——镜湖山庄"图像窗口。

3）按 Ctrl+T 组合键添加变形框，然后在按住 Shift 键的同时拖动变形框任意一角的控制点，等比例缩小楼盘图像，并将其移至画面的右下角，如图 5.11 所示，然后按 Enter 键确认变换操作。

图 5.10　打开的图像文件

图 5.11　图像变换效果

4）在【图层】面板中单击【创建新图层】按钮，创建一个新图层"图层 3"。

5）选中工具箱的【自定义形状】工具，在【自定义形状】工具选项栏中选择"钥匙 2"图形，如图 5.12 所示。

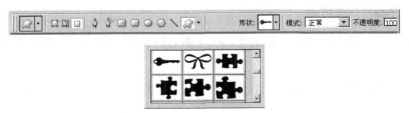

图 5.12　自定义形状工具选项栏

提　示　首先把"自定义形状工具"的全部形状载入。

6）设置前景色为白色，按住 Shift 键的同时在画面中拖动鼠标，创建一个白色的钥匙状图形。用工具箱中的【移动】工具，将白色钥匙图形拖动至右侧位置，如图 5.13 所示。

7）按住 Alt 键的同时拖动白色钥匙图形，移动并复制出一个相同的图形，则【图层】面板中将自动生成一个"图层 3 副本"层。

8）按 Ctrl+T 组合键中添加变形框，然后拖动变形框任意一角水平翻转图形、再按住 Shift 键适当等比例缩小图像，最后按 Enter 键确认变换操作。

9）用同样的方法，在画面中移动复制多个白色钥匙图形，并对它们进行随机变换操作，如图 5.14 所示。

图 5.13　移动图形的位置

图 5.14　钥匙图形效果

10）在【图层】面板中选中"图层 3"，然后将"图层 3"与其所有的副本图层建立链接关系，按 Ctrl+E 组合键合并链接为"图层 3"，最后设置该层的合成模式为"柔光"、"不透明度"值为 50%，图像效果如图 5.15 所示。

图 5.15   图像效果设置

3．制作楼盘位置图示

1）选中工具箱中的【钢笔】工具，在【钢笔】工具选项中设置各项参数如图 5.16 所示。

图 5.16   【钢笔】工具选项栏

2）在画面的下方拖动鼠标，创建 3 条独立的线形工作路径（每条路径结束用 Ctrl+鼠标单击），如图 5.17 所示。

3）在【图层】面板中创建一个新图层"图层 4"。

4）用工具箱中的【画笔】工具，笔尖主直径 15 像素，硬度 100%。

设置前景色为 R（231）/G（216）/B（178），然后在【路径】面板中单击面板下方的【用画笔描边路径】按钮，用前景色描绘路径。

5）在【路径】面板中的灰色位置处单击鼠标，隐藏路径。

6）回到【图层】面板，按【图层】面板下方的【添加图层样式】按钮，选中【描边】命令，弹出【图层样式】对话框，设置描边色的 RGB 值为（23，56，122）。最后单击【好】按钮，如图 5.18 所示。

图 5.17   创建的工作路径   图 5.18   路径效果图

7）设置前景色为黑色，选中工具箱中的【文字】工具，各项设置如图 5.19 所示。

图 5.19　文字工具选项栏

8）在画面中单击并输入文字。然后按 Ctrl+T 组合键添加变形框，旋转文字，并调整好位置，按回车键确认变换操作。

9）用同样的方法在画面中添加其他文字，图像效果如图 5.20 所示。

10）在【图层】面板中创建一个新图层"图层 5"。

图 5.20　文字效果图

11）设置前景色为红色，用工具箱中的【椭圆选框】工具在画面中拖动鼠标（同时按住 Shift），绘制一个正圆，并填充前景色。

12）设置前景色为白色，在【图层】面板中创建一个新图层"图层 6"。

13）选中工具箱中的【自定义形状】工具，在【自定义形状】工具选项中选择"会话 1"图形，如图 5.21 所示。

图 5.21　【自定义形状】工具选项

 提　示　首先把【自定义形状】工具中的全部形状载入。

14）在画面中拖动鼠标，绘出一个白色图形。

15）设置前景色为黑色，使用【文字】工具在图形中输入文字，如图 5.22 所示。

图 5.22　输入的文字效果

4. 输入文字信息

1）在【图层】面板中创建一个新图层"图层7"。

2）设置前景色为白色，在【文字】工具选项栏中设置各项参数如图 5.23 所示。

图 5.23 【文字】工具选项栏

3）在画面中单击并输入文字"选把钥匙看海景"，然后拖动鼠标选中"看"字，设置其字体大小为 46 磅。

4）选中所有的文字，选中【文字】工具选项栏中的【创建变形文本】按钮，在弹出的【变形文字】对话框中调整各项参数如图 5.24 所示，然后单击【好】按钮，使文字产生变形效果，如图 5.25 所示。

5）继续在画面中输入广告文字，并对其他图像进行调整，最终的广告设计效果如图 5.26 所示。

图 5.24 【变形文字】对话框   图 5.25 文字变形效果

图 5.26 报纸房地产广告——镜湖山庄最终效果图

 同步练习

1）完成本节的实例 5.1 典型实例上机练习。

2）色彩训练。打开"作品/第 3 章/报纸房地产广告——镜湖山庄.psd"，运用前面所学的色彩知识，对背景色、图形颜色及文字颜色进行修改，做成黄昏的设计效果，如图 5.27 所示。

图 5.27　参考效果图

3）版式训练。打开"作品/第 5 章/报纸房地产广告——镜湖山庄.psd"，运用前面所学的版式设计的知识，对有关图形进行修改，做成另一种效果。

4）打开"作品/第 5 章/报纸房地产广告——镜湖山庄..psd"，参照光盘"素材/第 3 章/地图练习 1.jpg"或"地图练习 2.jpg"，如图 5.28、图 5.29 所示，把地图改成另一种表现形式。

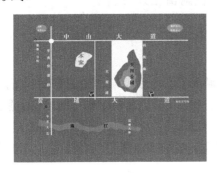 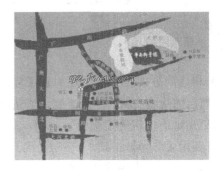

图 5.28　地图练习 1　　　　　　图 5.29　地图练习 2

 思考与练习

1）请分析本案广告的设计特点。
2）收集至少 3 张报纸房地产广告，贴在作业簿上。
3）留心观察报纸房地产广告的设计特点与设计风格，并把它们写在作业簿上。

实例 5.2（提高实例）　镜湖山庄广告 2

将上节制作的报纸房地产广告进行适当修改后制作出如图 5.30 所示的另一种形式

的报纸房地产广告。

设计效果图如图 5.30 所示。

图 5.30　镜湖山庄 2 设计效果图

创意设计思想：你想拥有一个温馨的家吗？当你累了、倦了，就回到这个温暖的家园，这是你的最舒适温暖的栖息地，这是你的最佳选择。倦鸟归巢，倦鸟栖息地，这就是这则广告的创意。

提　示　本例作品参见"作品/第 5 章/报纸房地产广告—镜湖山庄 2.psd"，打开的图像素材为"素材/第 5 章"目录下的"镜湖山庄楼盘 2"、"镜湖山庄文字"、"鹰"、"镜湖山庄效果图"。

解题思路

1）将图片分别以【移动复制】、【复制粘贴入】命令及蒙版的方式移动到新建的文件中，然后依次将"鹰"图片复制，填充白色后分别【高斯模糊】和【动感模糊】命令，完成报纸房地产广告的主画面。

2）利用【选择】工具、【移动】工具、图像变换操作、图像色彩调整、图层样式等制作报纸房地产广告中的"镜湖山庄"文字效果。

3）用【钢笔】工具和【路径调整】工具、【画笔】工具等绘制楼盘的位置图。

4）利用【文字】工具等制作广告画面中的文字效果。

操作步骤

1）新建大小为 23×17cm 的文件，72 像素/英寸，并填充不同深浅的绿色渐变。

2）打开图片"镜湖山庄文字"，按上一节的方法处理后移到新文件中。

3）打开图片"鹰"，移到新文件中后按 Ctrl+T 键调整大小和方向。

4）打开图片"镜湖山庄楼盘 2"，勾选出楼盘轮廓后移到新文件中，然后按 Ctrl+T 键调整大小和方向，如图 5.31 所示。

5）打开"镜湖山庄效果图"，全选后复制并粘贴入"鹰"的选区中，然后按 Ctrl+T 键把"镜湖山庄效果图"拉大。

6）按 Ctrl+单击"鹰"图层，新建图层，然后选取【选择】、【修改】、【扩展】（5 像素），确定后填充白色，并执行高斯模糊命令（半径为 5 像素）。

7）再次按 Ctrl+单击"鹰"图层，新建图层，扩展 5 像素，填充白色，然后执行动感模糊（角度 45，距离 200），最后调整图层之间的顺序，如图 5.32 所示。

8）绘制楼盘位置图，方法与上一节一样。

9）最后输入广告文字。

图 5.31　图片效果图　　　　　　　　　图 5.32　图片效果图

同步练习

1）完成本节的实例 5.2 的实例上机练习。

2）色彩训练。打开"作品/第 5 章/报纸房地产广告——镜湖山庄 2.psd"文件，运用前面所学的色彩知识，对背景色、图形颜色及文字颜色进行修改，做成另一种效果。

3）打开"作品/第 5 章/报纸房地产广告——镜湖山庄 2.psd"文件和"镜湖山庄 2——文字素材.doc"，对 psd 文件做适当修改，把文字素材加入到作品当中。参考效果图如图 5.33 所示。

图 5.33　练习题参考效果图

思考与练习

比较一下这两例房地产广告在设计上的异同点。

实例 5.3（拓展实例）   报纸房地产广告

根据"素材/第 5 章/拓展练习"中有关报纸拓展练习中的图片素材文件和文字素材文件，选择自己需要的部分，设计一幅报纸房地产广告。

 思考与练习

1）请在作业簿中写出你的广告创意。
2）在电脑中把广告效果做出来。

项目三   其他报纸广告设计

实例 5.4（提高实例）   报纸汽车广告 1

设计效果图如图 5.34 所示。

图 5.34   报纸汽车广告设计效果图

创意设计思想：唯有经典——最难超越，唯有激情——势不可挡，07 款远程太空之子如海浪般汹涌，势不可挡。

 提 示   本例作品参见"作品/第 5 章"目录下"报纸汽车广告"，素材参见"素材/第 5 章"目录下的"汽车 .jpg"和"海浪 .jpg"。

 **解题思路**

1）打开两个素材文件"汽车.jpg"和"海浪.jpg"，把汽车轮廓圈选出来后移到"海浪"画面中，按 Ctrl+T 键调整大小。

2）新建图层，画一个矩形并填充黑色。

3）新建图层，画标志图形。

4）输入所需要的文字

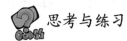 思考与练习

1）收集几幅有关汽车的报纸广告，贴在作业簿上。

2）比较一下报纸上的房地产广告和汽车广告在设计上有什么同。

 **拓展练习**

1）请在作业簿中写出你的广告创意。

2）在电脑中把广告效果做出来。

实例 5.5（拓展实例） 报纸汽车广告 2

根据"素材/第 5 章/拓展练习"中有关汽车拓展练习的图片素材文件和文字素材文件，选择自己需要的部分，设计一幅报纸汽车广告。

本章习题

一、不定项选择题

1. 对于色彩模式 CMKY，字母 C，M，Y，K，分别代表（ ）。
   A. 青色，黄色，黑色和洋红　　B. 蓝色，洋红，黄色和白色
   C. 青色，洋红，黄色和黑色　　D. 白色，洋红，黄色和黑色

2. 以下可以在 Photoshop 中直接打开并编辑的文件格式有（ ）。
   A. *.JPG　　　　B. *.GIF　　　C. *.EPS　　　D. *.DOC

3. 在 Photoshop 中，修改画布尺寸的方法可以是（ ）。
   A. 给定选择区然后执行菜单命令【图像】、【裁切】
   B. 在 Photoshop 工具箱面板中【裁切】工具
   C. 使用 Photoshop 中的菜单【图像】、【图像大小】
   D. 使用 Photoshop 中的菜单命令【图像】、【画布大小】

4. 若需将当前图像的视图比例控制为 100%显示，那么可以（ ）。
   A. 双击工具面板中的缩放工具　　B. 执行菜单命令【图像】、【画布大小】

C．双击工具面板中的抓手工具　D．执行菜单命令【图像】、【图像大小】

5．下列关于选择区羽化的描述正确的有（　　）。

　　A．选取选择区之前可在选择工具的属性栏中设置【羽化】参数。

　　B．选取选择区之后可执行菜单命令【选择】、【羽化】对选择区进行羽化。

　　C．选择工具的属性栏中【羽化】参数的取值范围是 0～250 像素。

　　D．任意大小的选择区均可进行某个合适数值的羽化。

6．在 Photoshop 中，选择区的修改操作主要包括（　　）。

　　A．扩边　　　　　B．平滑　　　　　C．扩展　　　　　D．收缩

7．在 Photoshop 中使用菜单命令【编辑】、【描边】时，选择区的边缘与被描线条之间的相对位置可以是（　　）。

　　A．居内　　　　　B．居中　　　　　C．居外　　　　　D．同步

8．以下选项中，属于路径的选择工具的有（　　）。

　　A．【自由钢笔】工具　　　　　　　　B．【直接选择】工具

　　C．【路径选择】工具　　　　　　　　D．【圆角矩形】工具

9．以下选项中有关滤镜的说法正确的有（　　）。

　　A．所有滤镜被执行后均打开一个对应的参数设置对话框

　　B．文本图层必须栅格化后方可应用滤镜

　　C．只有部分色彩模式的图像可以应用滤镜命令

　　D．所有色彩模式的图像均可应用滤镜命令

10．在以下工具的属性栏中，均具有【容差】参数的工具有（　　）。

　　A．【魔棒】工具　　　　　　　　　　B．【油漆桶】工具

　　C．【画笔】工具　　　　　　　　　　D．【锐化】工具

11．选区可以从哪些地方转化或载入（　　）。

　　A．图层　　　　　B．通道　　　　　C．蒙版　　　　　D．路径

12．下列工具能直接建立选区的有（　　）。

　　A．【选框】工具　　　　　　　　　　B．【裁切】工具

　　C．【文字】工具　　　　　　　　　　D．【文字蒙板】工具

13．可以应用（　　）调整命令调整图像的亮度。

　　A．色阶　　　　　B．自动色阶　　　C．曲线　　　　　D．色调分离

14．在对一幅人物图像执行了模糊、杂点等多个滤镜效果后，如果想恢复人物图像中局部，如脸部的原来样貌，下面可行的方法有（　　）。

　　A．采用【仿制图章】工具

　　B．配合历史记录调板使用【橡皮】工具

　　C．配合历史记录调板使用历史记录画笔

　　D．使用菜单中的重做或后退的命令

15．关于路径叙述正确的是（　　）。

　　A．是一种特殊的矢量图　　　　　B．可以直接被打印出来

C．路径可以转化成选区　　　　D．可以对路径进行填充

二、判断题（请在正确的题后画"✓"，错误的题后画"×"）

1．选区和路径都必须是封闭的。　　　　　　　　　　　　　　　　（　　）

2．在 Photoshop 中所有图层都可改变不透明度。　　　　　　　　（　　）

3．画布尺寸不变，分辨率越高像素的个数越多。　　　　　　　　（　　）

4．最大的可允许的暂存磁盘的大小是 100GB。　　　　　　　　　（　　）

5．按键盘上的 Delete 键可以直接将选中的路径删除。　　　　　　（　　）

6．不能直接对文本图层、形状图层和填充图层使用滤镜。　　　　（　　）

7．变形效果不仅可以应用于文字图层的所有字符，还可以只应用于特殊选择的字符。　　　　　　　　　　　　　　　　　　　　　　　　　　　（　　）

8．用户只能在图层组之间设置图层链接，而无法在图层组与单个图层之间建立链接。　　　　　　　　　　　　　　　　　　　　　　　　　　　（　　）

9．用户不能组背景图层应用图层样式的功能。　　　　　　　　　（　　）

10．如果当前作用图层是个隐藏的图层，则无法与下一图层合并。（　　）

11．用户可以将复制后的图层样式，粘贴到多个链接的图层中。　（　　）

12．在对整个图像进行旋转和翻转中，用户需要事先选取范围。　（　　）

三、简答题

1．简述报纸广告的优缺点。

2．简述报纸广告的设计原则

读书笔记

_____

_____

_____

_____

_____

_____

_____

_____

_____

第6章

海报设计应用实例

本章应知

- ◆ 了解海报的特点
- ◆ 熟悉海报的版式安排
- ◆ 熟悉海报的设计原则
- ◆ 探索海报的创意设计方法

本章应会

- ◆ 能独立完成本章各任务的具体操作
- ◆ 根据所学的知识要点，能够创造性地完成类似的工作任务
- ◆ 对 Photoshop 工具软件有更深入的认识和掌握，学会更多的使用技巧

项目一　相关知识点介绍

海报又名"招贴"或"宣传画"，是一种张贴在墙壁或其他地方的幅面广告，属于户外广告，分布在各街道、影剧院、展览会、商业闹区、车站、码头、公园等公共场所。国外也称之为"瞬间"的街头艺术。由于海报的幅面远远超过了报纸广告和杂志广告，从远处看更能吸引大众的注意，因此，海报在宣传媒介中占有很重要的位置。海报设计画面本身有生动的直观形象，多次反复的不断积累，能加深消费者对产品或劳务的印象，获得好的宣传效果，对扩大销售，树立名牌，刺激购买欲增强竞争力有很大的作用。

知识 6.1　海报的特点

海报相比其他广告具有画面大、内容广泛、艺术表现力丰富、远视效果强烈的特点。

1. 画面大

海报不是捧在手上的设计而要张贴在热闹场所，它受到周围环境和各种因素的干扰，所以必须以大画面及突出的形象和色彩展现在人们面前。其画面有全开、对开、长三开及特大画面（八张全开等）。

2. 远视强

为了使来去匆忙的人们留下印象，除了面积大之外；招贴设计还要充分体现定位设计的原理。以突出的商标、标志、标题、图形或对比强烈的色彩，或大面积空白、简练的视觉流程，成为视觉焦点。如果就形式上区分广告与其他视觉艺术的不同，招贴可以说更具广告的典型性。

3. 艺本性高

就海报的整体而言，它包括了商业和非商业方面的种种广告。就每张海报而言，其针对性很强。商业中的商品海报往往以具有艺术表现力的摄影、造型写实的绘画和漫画形式表现较多，给消费者留下真实感人的画面和富有幽默情趣的感受。而非商业性的海报，内容广泛、形式多样，艺术表现力丰富。特别是文化艺术类的招贴画，根据广告主题. 可充分发挥想象力，尽情施展艺术手段。许多追求形式美的画家都积极投身到招贴画的设计中，并且在设计中用自己的绘画语言，设计出风格各异、形式多样的招贴画。不少现代派画家的作品就是以招贴画的面目出现的，美术史上也曾留下了诸多精彩的轶事和生动的画作。

我们要充分发挥海报面积大、纸张好、印刷精美的特点。通过了解厂家、商品、对象和环境的具体情况，充分发挥想象力。以其新颖的构思、短而生动的标题和广告语，具有个性的表现形式，强调海报的远视性和艺术性。

知识 6.2　海报的版式安排

对于海报除去特殊异型尺寸外，最常见的是对开和四开尺寸，对开也称 2 开有大度：

570mm×840mm 及正度：540mm×740mm 尺寸。4 开有大度：420mm×570mm 和正度：370mm×540mm 尺寸。近年来全开大小的海报也有很多，其印刷方式大都采用平板印刷或丝网印刷。全开有大：889mm×1194mm 和小：787mm×1092mm 尺寸。对开尺寸较适合一般场合张贴，如果是小的商店张贴，要考虑海报的面积，可采用四开、长三开或长六开尺寸。长 3 开 387mm×844mm 和长 6 开 387mm×422mm 尺寸。纸张厚薄与面积大小成正比，面积较大应使用较厚的纸，面积较小，应使用较薄的纸。

知识 6.3 海报的设计原则

海报设计不管采取哪种表现形式，所选用的图案或摄影作品要与所宣传的内容相配合。

1）单纯：形象和色彩必须简单明了（也就是简洁性）。

2）统一：海报的造型与色彩必须和谐，要具有统一的协调效果。

3）均衡：整个画面须要具有魄力感与均衡效果。

4）销售重点：海报的构成要素必须化繁为简，尽量挑选重点来表现

5）惊奇：海报无论在形式上或内容上都要出奇创新，具有强大的惊奇效果。

6）技能：海报设计需要有高水准的表现技巧，无论绘制或印刷都不可忽视技能性的表现。

项目二 演唱会海报设计

实例 6.1（典型实例） 演唱会海报设计 1

设计效果图如图 6.1 所示。

图 6.1 演唱会设计效果图

创意设计思想：拨动琴弦，跳出音符，青春玉女卓依婷 2005 演唱会，动听的歌声令人心旷神怡，给我们一个五彩缤纷的世界，这就是这则广告的创意。

提 示 本例作品参见"作品/第 6 章"目录下的"演唱会海报方案",打开的
图像素材为"素材/第 6 章"目录下的"彩光"、"人物"、"乐器"。

 解题思路

1)利用【选择】工具、【线形】工具、【渐变】工具等制作线形标志效果。

2)利用【选择】工具、【移动】工具、图像变换操作,图像色彩调整、图层样式等
制作等制作演唱会海报广告中的图片效果。

3)使用【自定义形状】工具制作音乐和星形符号效果。

4)用【文字】工具和【描边】、【变形】工具等绘制文字效果。

 操作步骤

1. 制作线型标志

1)执行菜单栏【文件】中的【新建】命令,在弹出的【新建】对话框中,创建【宽度】
为"42 厘米"、【高度】为"57 厘米"、【分辨率】为"72 像素/英寸"、模式为 RGB 颜色、
背景为橘红色(M:30,Y:80)的新文件,保存为"演唱会海报方案一.psd"文件。

2)在【图层】面板中创建新图层"图层 1",双击【手型】工具按钮,单击【直线】
工具,设置填充像素,设置直线粗细为 2 像素,设置前景色为白色,【直线】工具选项
栏如图 6.2 所示,然后绘制直线 5 次。

图 6.2 【直线】工具选项栏

3)单击【矩形选择】工具,选取直线区域,按 Ctrl+Alt 键移动复制直线。重复几
次,然后将其【不透明度】设置为"80%",绘制效果如图 6.3 所示。

4)添加图层蒙版,单击工具箱中【渐变】工具,将选择区域从左到右添加由橘红
色(M:30,Y:80)到透明的渐变色,添加后的画面线形效果如图 6.4 所示。

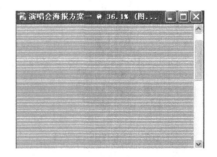

图 6.3 绘制的白色线形 　　图 6.4 添加渐变后线形效果

2. 添加图形元素

1）打开"素材/第 6 章"文件夹中的"彩光.jpg"图像文件，如图 6.5 所示。

2）使用工具箱中的【移动】工具将图片中的彩光移动复制到"演唱会海报方案一"文件中，按 Ctrl+T 组合键添加变形框，调整合适大小和位置，然后用【磁性】工具绘制选择区域后删除，效果如图 6.6 所示。

图 6.5　打开的图像文件　　　　图 6.6　图像变换效果

3）打开"素材/第 6 章"文件夹中的"乐器.jpg"图像文件，如图 6.7 所示。

4）将图片的大提琴选取后移动复制到画面中，按 Ctrl+T 组合键添加变形框，调整到合适的大小和位置，在【图层】面板中将【不透明度】设置为"20%"，效果如图 6.8 所示。

图 6.7　打开的图像文件　　　　图 6.8　图片片调整不透明的效果

5）在【图层】面板中单击【创建新图层】按钮，创建一个新图层"图层 3"。选中【工具箱】的【自定义形状】工具，在【自定义形状】工具选项栏中选择【音

【乐】图形，如图 6.9 所示。

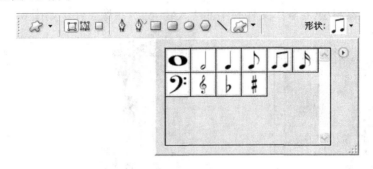

图 6.9 自定义形状工具选项栏

 提 示 首先把"自定义形状工具"的全部形状载入。

6）设置前景色为白色、绿色，红色等，在画面中绘制不同颜色的音乐符号，并将透明度设置为"50%"，效果如图 6.10 所示。

图 6.10 制作出音乐符号的图形

7）同理，选中工具箱的【自定义形状】工具，在【自定义形状】工具选项栏中选择"五角星"图形，如图 6.11 所示。

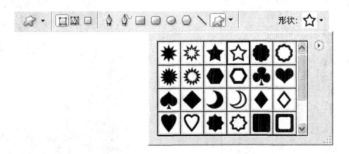

图 6.11 【自定义形状】工具选项栏

 提 示 首先把"自定义形状工具"的全部形状载入。

8）设置前景色为白色、绿色，红色等，在画面中绘制不同颜色的五角星符号，并将透明度设置为"50%",效果如图 6.12 所示。

9）打开"素材/第 6 章"文件夹中的"人物.jpg"图像文件,如图 6.13 所示。

图 6.12　制作出星形符号的图形

图 6.13　打开的图像文件

图 6.14　调整图片放置的位置

10）将图片移动复制到画面中并调整到合适的大小和位置,如图 6.14 所示。

11）按住 Ctrl 键,单击"图层"面板中的"图层 4",给人物图片添加选择区域。

12）选取菜单栏中的【窗口】、【通道】命令,将【通道】面板显示在工作窗口中,单击【通道】面板的按钮,将选区存储为通道,去除选择区域。

13）选取菜单栏中的【滤境】、【模糊】、【高斯模糊】命令,弹出【高斯模糊】对话框,其参数设置如图 6.15 所示。参数设置完成后,单击【好】按钮。

14）选取菜单栏中的【滤境】、【素描】、【绘图笔】命令,弹出【绘图笔】对话框,其参数设置如图 6.16 所示。参数设置完成后,单击【好】按钮,画面效果如图 6.17 所示。

图 6.15　【高斯模糊】对话框

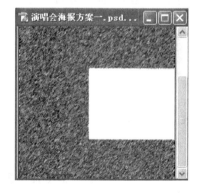

图 6.16　执行【绘图笔】画面效果

15）选取菜单栏中的【滤境】、【艺术效果】、【木刻】命令,弹出【木刻】对话框,其参数设置如图 6.18 所示。参数设置完成后,单击【好】按钮,画面效果如图 6.19 所示。

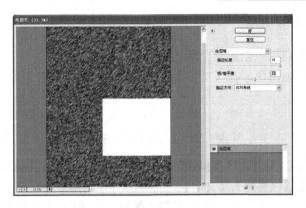

图 6.17　【绘图笔】对话框

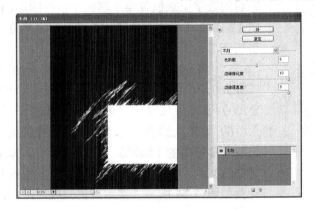

图 6.18　【木刻】对话框

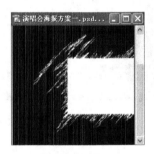

图 6.19　执行【木刻】画面效果

16）在【通道】面板将通道作为选区载入，按键盘中的 Ctrl+~键回到【图层】面板，利用【选择】、【变换选区】命令将选择区域缩小变形，并进行反选，按 Delete 键删除，图片效果如图 6.20 所示。

17）选取菜单栏中的【图层】、【图层样式】、【投影】命令，弹出【图层样式】对话框，其参数设置如图所示。参数设置完成后，单击【好】按钮，添加投影画面效果如图 6.21 所示。

图 6.20　图片效果图

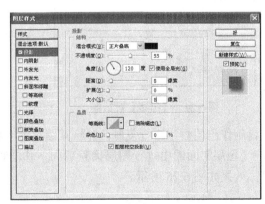

图 6.21　【图层样式】对话框

3. 制作 2005 图示

1）在【图层】面板中创建一个新图层"图层5"。

2）设置前景色为白色，在【文字】工具选项栏中设置各项参数如图6.22所示。

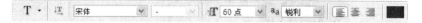

图 6.22　【文字】工具选项栏

3）在画面中单击并输入文字"2005"数字，将生成的文字层转换成普通层，即选取文字单击菜单栏【图层】、【栅格化】、【文字】，然后将数字中的两个"0"选取删除。

4）在【图层】面板中创建一个新图层"图层6"，用工具箱中的【圆形】工具在删除后的数字空缺位置绘绘制两个白色圆形，利用【编辑】、【变换】、【斜切】变形框将其进行斜切变形。

图 6.23　填充颜色后的数字效果

5）将制作出的数字分别填充上红色（M:100，Y:100）、黄色（Y:100）、绿色（C:50，Y:100）和橙色（C:25，Y:95），如图6.23所示。

6）将填充颜色后的数字添加选择区域，选取菜单栏中的【编辑】、【描边】命令，弹出【描边】对话框将颜色设置为白色，其他参数设置如图 6.24 所示。参数设置完成后，单击【好】按钮。描边后的数字效果如图6.25所示。

图 6.24　【描边】对话框

图 6.25　描边后的数字效果

7）将制作出的数字进行复制，并将其锁定透明后填充上赫黄色（C:5，M:50，Y:50，K:5），在【图层】面板中进行图层调整后向下移动制作出数字的阴影，并设置透明度为"50%"，效果如图6.26所示。

图 6.26 制作出的数字阴影效果

8）利用【文字】工具，在画面中单击并输入"演唱会"文字，颜色分别设置为、白色、黄色（Y:100）和红色（M:100，Y:100），并设置透明度为"75%"，如图 6.27 所示。

9）选取"演唱会"文字，单击菜单栏【图层】、【栅格化】、【文字】，分别利用【编辑】、【描边】命令，将输入的文字描绘宽度为"2 像素"的红色（M:80,Y:65）和"2 像素"的白色边缘，效果如图 6.28 所示。

图 6.27 输入的文字效果   图 6.28 描边后的文字效果

4. 输入文字信息

1）在【图层】面板中创建一个新图层"图层 7"。

2）设置前景色为白色，在【文字】工具选项栏中设置各项参数如图 6.29 所示。

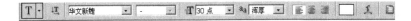

图 6.29 文字工具选项栏

3）在画面中单击并输入文字"卓依婷"，选取文字单击菜单栏【图层】、【栅格化】、【文字】，利用【编辑】、【描边】命令将输入的文字描绘宽度为"10 像素"的黄色（C:50,M:100）边缘，效果如图 6.30 所示。

4）在画面中单击并输入文字"台湾青春玉女红歌星"和"湖南郴州"， 选取文字单击菜单栏【图层】、【栅格化】、【文字】，分别利用【编辑】、【描边】命令将输入的文字描绘宽度为"8 像素"的白色边缘和"6 像素"的红色（M:80,Y:65），效果如图 6.31 所示。

图 6.30   描边后的文字效果   图 6.31   描边后的文字效果

5）选取菜单栏中的【图层】、【图层样式】、【投影】命令，弹出【图层样式】对话框，参数设置如图 6.32 所示。参数设置完成后，单击【好】按钮，制作出的文字如图 6.32 所示。

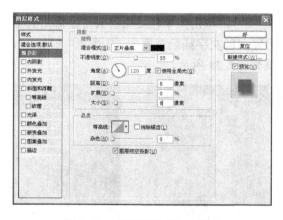

图 6.32   【图层样式】对话框

6）在画面中单击并输入文字"清纯的形象动听的歌声，款款柔情甜歌令人心旷神怡"，设置其字体大小为 80 磅。

7）选中所有的文字，选中文字工具选项栏中的【创建变形文本】按钮，在弹出的【变形文字】对话框中调整各项参数如图 6.33 所示，然后单击【好】按钮，使文字产生变形效果，如图 6.34 所示。

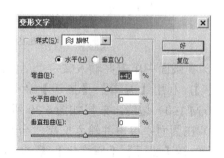

图 6.33   【变形文字】对话框   图 6.34   【文字变形】对话框

8）继续在画面中输入广告文字："主办单位：湖南省演出公司。承办单位：湖南省演出公司。演出时间：2005 年 9 月 4 日晚 8：30 演出地点：郴州女排基地腾飞馆。"并对其他图像进行调整，最终的广告设计效果如图 6.35 所示。

图 6.35　演唱会海报广告（最终效果图）

 同步练习

1）完成本节的实例 6.1 典型实例上机练习。

2）色彩训练。打开"作品/第 6 章/演唱会海报方案—.psd"，运用前面所学的色彩知识，对背景色、图形颜色及文字颜色进行修改，做成其他的设计效果，参见"作品/第 6章/演唱会海报方案—（色彩训练）"，如图 6.36 所示。

3）版式训练。打开"作品/第 6 章/演唱会海报方案—.psd"，运用前面所学的版式设计的知识，对有关图形进行修改，做成另一种效果。

图 6.36　参考效果图

 **思考与探索**

1）请分析本案广告的设计特点。

2）收集至少 3 张演唱会海报广告，贴在作业簿上。

3）留心观察报纸房地产广告的设计特点与设计风格，并把它们写在作业簿上。

实例 6.2（提高实例）　演唱会海报设计 2

将上节制作的演唱会海报进行适当修改后制作出如图 6.37 所示的另一种形式的演唱会海报。

图 6.37　演唱会海报方案二设计效果图

创意设计思想：拨动琴弦，跳出音符，青春玉女卓依婷 2005 演唱会，青纯的形象，动听的歌声，让我们享受一个绚丽多彩的时光，这就是这则广告的创意。

 提　示　本例作品参见"作品/第 6 章/演唱会海报方案二.psd"，打开的图像素材为"素材/第 6 章"目录下的"绚丽多彩"，"人物"，"乐器"，"照片 01"，"照片 02"，"照片 03"，"大海"。

 **解题思路**

1）利用【选择】工具、【线形】工具、【渐变】工具等制作线形标志效果。

2）利用【选择】工具、【移动】工具、图像变换操作，图像色彩调整、图层样式等制作等制作演唱会海报广告中的图片效果。

3）使用【自定义形状】工具制作音乐和星形符号效果。

4）用【文字】工具和【描边】、【变形】等绘制文字效果。

 操作步骤

1）新建大小为 14cm×21cm 的文件，72 像素/英寸，并设置白色背景。

2）打开图片"绚丽多彩"、"人物"、"乐器"，按上一节的方法处理后移到新文件中。

3）用上一节方法制作 2005 图样，打开图片"照片 01"、"照片 02"、"照片 03"，用【圆形选择】工具选取照片，移到新文件中后按 Ctrl+T 键调整大小和方向。

4）输入文字，运用【编辑】、【描边】处理标题文字，对"演唱会"文字运用【渐变】工具进行颜色填充，达到如图 6.38 的效果。

5）最后输入广告文字。

图 6.38　图片效果图

 同步练习

1）完成本节的实例 6.2 的实例上机练习。

2）色彩训练。打开"作品/第 6 章/演唱会海报方案二.psd"文件，运用前面所学的色彩知识，对背景色、图形颜色及文字颜色进行修改，做成另一种效果。

 思考与探索

比较一下这两例演唱会海报在设计上的异同点。

实例 6.3（拓展实例）　演唱会海报设计 3

根据"素材/第 6 章/拓展练习"中有关演唱会海报拓展练习中的图片素材文件和文字素材文件，选择自己需要的部分，设计一幅演唱会海报广告。

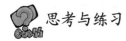 思考与练习

1）请在作业簿中写出你的广告创意。

2）在电脑中把广告效果做出来。

项目三 其他海报设计

实例 6.4 （提高实例）电影海报广告

设计效果图如图 6.39 所示。

图 6.39 电影海报设计效果图

创意设计思想：急速似闪电，要想突破，只需用手轻轻点一点，这就是这则广告的创意。

 提 示 本例作品参见"作品/第 6 章"目录下"电影海报广告"，素材参见随书所附光盘"素材/第 6 章"目录下的"手指背景.jpg"、"闪电.jpg"和"纹理.jpg"。

 **解题思路**

1）利用【通道】命令选取"闪电.jpg"文件中的闪电效果，并将闪电移到"手指背景.jpg"画面中，按 Ctrl+T 键调整大小，用【橡皮擦】工具擦除覆盖手指的部位。

2）【定义图案】为"纹理.jpg"文件。

3）输入所需要的文字，利用【图层】、【图层样式】制作金属浮雕效果。

思考与探索

1）收集几幅有关电影广告海报，贴在作业簿上。

2）比较一下演唱会海报广告和电影海报广告在设计上有什么不同。

实例 6.5（拓展实例） 公益广告海报

根据"素材/第 6 章/拓展练习"中有关环境保护的图片素材文件和文字素材文件，选择自己需要的部分，设计一幅爱护水资源的环保公益广告海报。

 思考与练习

1）请在作业簿中写出你的广告创意。
2）在电脑中把广告效果做出来。

 本章习题

一、选择题

1. 下面对 RGB 和 CMYK 两种颜色模式描述正确的是（　　）。
 A．RGB 的原理是色光加色法，CMYK 的原理是色料减色法
 B．CMYK 的原理是色光加色法，RGB 的原理是色料减色法
 C．RGB 和 CMYK 都不能用于印刷
 D．RGB 和 CMYK 都可以进行印刷

2. （　　）可直接转换为【位图】模式。
 A．双色调模式　　 B．Lab 颜色　　 C．CMYK 颜色　　 D．RGB 颜色

3. 下列调整选项中，（　　）不可以调整图像的亮度。
 A．色调分离　　　 B．色阶调整　　　 C．曲线调整　　　 D．亮度对比度

4. （　　）不是图像模式。
 A．RGB　　　　　 B．Lab　　　　　 C．HSB　　　　　 D．双色调

5. 合并不相邻的图层可以使用（　　）方法。
 A．拼合图层　　　 B．合并图层　　　 C．合并编组图层　 D．合并链接图层

6. 添加外挂滤镜安装时应装在（　　）目录中。
 A．C:Windows　　　　　　　　 B．Photoshop\plug-Ins
 C．Photoshop\Eiter　　　　　　 D．Photoshop\Goodies

7. 一个幅面 A4 大小的 RGB 模式图像，若分辨率为 300dpi，则文件大小约为（　　）。
 A．10M　　　　　 B．20M　　　　　 C．25M　　　　　 D．30M

8. 如果一个 100×100 像素的图像被放大到 200×200 像素，文件大小会如何改变（　　）。
 A．大约是原大小的两倍　　　　 B．大约是原大小的三倍
 C．大约是原大小的四倍　　　　 D．文件大小不变

9. 分辨率是指（　　）。
 A．单位长度上分布的像素的个数　　 B．单位面积上分布的像素个数
 C．整幅图像上分布的像素总数　　　 D．当前图层上分布的像素个数

10．下面关于分辨率的说法中正确的是（　　　　）。

    A．缩放图像可以改变图像的分辨率

    B．只降低分辨率不改变像素总数

    C．同一图像中不同图层的分辨率一定相同

    D．分辨率的大小不会影响图像质量

二、填空题

1．选取好图像选择区后，按＿＿＿＿选择【编辑】菜单下的＿＿＿＿菜单命令或按 Delete 键，可以清除选择区域内的图像。

2．在 Photoshop 中执行菜单命令【编辑】、【填充】后，可对当前选择区或图像画布进行前景色，＿＿＿＿，自定义颜色，＿＿＿＿等内容的填充。

3．在 Photoshop 中，使用【渐变】工具可以创建出丰富多彩的渐变颜色，如线性渐变、径向渐变、＿＿＿＿、＿＿＿＿与＿＿＿＿。

4．在设置文字格式之前首先要＿＿＿＿文字。

5．路径创建工具包括【钢笔】工具和＿＿＿＿，【路径编辑】工具包括【添加锚点】工具、＿＿＿＿和＿＿＿＿，【路径选择】工具包括【路径组件选择】工具和＿＿＿＿。

6．在 Photoshop 中显示或隐藏网格的快捷组合键是＿＿＿＿，显示或隐藏标尺的快捷组合键是＿＿＿＿。

7．组成位图图像的基本单元是＿＿＿＿，而组成矢量图形的基本单元是＿＿＿＿。

8．在 Photoshop 中，创建新文件时，图像文件的色彩模式一般设置成＿＿＿＿模式，分辨率一般是＿＿＿＿像素/英寸，宽度与高度的单位一般是＿＿＿＿（请填写"像素""厘米"或"毫米"等单位）。

9．在 Photoshop 中，当设计师需要将当前图像文件的画布旋转 12 度时，可执行菜单命令【图层】、【旋转画布】、【＿＿＿＿】。

10．在 Photoshop 中，取消当前选择区的快捷组合键是＿＿＿＿，对当前选择区进行羽化操作的快捷组合键是＿＿＿＿。

读书笔记

_____

_____

_____

_____

_____

_____

折页广告设计应用实例

本章应知

- ◆ 了解折页广告的特点
- ◆ 熟悉折页广告的版式安排
- ◆ 熟悉折页广告的设计原则
- ◆ 探索折页广告的创意设计方法

本章应会

- ◆ 能独立完成本章各任务的具体操作
- ◆ 根据所学的知识要点，能够创造性地完成类似的工作任务
- ◆ 对 Photoshop 工具软件有更深入的认识和掌握，学会更多的使用技巧

项目一　相关知识点介绍

折页广告是现代广告的重要形式之一，是商业贸易活动中的重要媒介体，俗称小广告。它属于宣传卡广告的其中一种。它用于提示商品、活动介绍和企业宣传等，这种内容繁多的广告如果刊登在其他的媒介物上，不易达到全面、详实的效果和定向宣传的目的。折页广告是以一个完整的宣传形式，它针对销售季节或流行期，针对有关企业和人员，针对展销会、洽谈会，针对购买货物的消费者进行邮寄、分发、赠送，以达到扩大企业、商品的知名度，销售产品和加强购买者对商品了解，强化了广告的效用。

知识 7.1　折页广告的优点

1. 折页广告的版面大，开本灵活，设计精巧，可供广告主充分地进行选择

由于折页广告的折页形式有 2 折页、3 折页及多折页等不同形式，还有采用长条开本和经折叠后形成新的形式，所以其开本灵活多样，涉及篇幅可根据广告内容灵活变化，可供广告主充分地进行选择。

2. 折页广告具有独立性，不受其他媒体影响

折页广告自成一体，无需借助于其他媒体，不受其他媒体的宣传环境、公众特点、信息安排、版面、印刷、纸张等各种限制，且纸张、开本、印刷、邮寄和赠送对象等都具有独立性，又称之为"非媒介性广告"。

3. 折页广告针对性强

折页广告具有很强的针对性，它的内容完全由广告主提供，可针对性地对产品、企业及会议等进行订制，并且宣传方式灵活，可以邮寄、分发、赠送等，以针对特定的消费者。

4. 折页广告具有保存价值

折页广告内容无阅读时间的限制。读者可以一翻而过，也可以细细品味，制作精美的折页广告，同样会被长期保存，起到长久的作用。

5. 价格相对低

折页广告制作成本低，广告费用较低，性价比较高。

知识 7.2　折页广告的缺点

折页广告与其他形式广告形式相比，在广告宣传方面也具有一些不可克服的缺点，具体表现在以下几个方面。

1. 生命周期短

由于折页广告一般为阶段性广告，其最有效的生命周期视产品的有效宣传周期而定，所以广告时效受到限制，过期的折页广告很难再让人留意，也失去了它的宣传意义。

2. 宣传范围受限

折页广告产生的广告效果，不如电视广告、报纸广告等宣传范围广，它受成本，区域范围等因素的局限。

知识 7.3　折页广告的版式设计

折页设计一般分为 2 折页、3 折页及多折页等，根据内容的多少来确定页数的多少。折叠方法主要采用"平行折"和"垂直折"两种，并由此演化出多种形式。样本运用"垂直折"，而单页的宣传卡片则两种都可采用。"平行折"即每一次折叠都以平行的方向去折，如一张六个页数的折纸，将一张纸分为三份，左右两边在一面向内折入，称之为"折荷包"，左边向内折、右边向反面折，则称为"折风琴"，六页以上的风琴式折法，称为"反复折"也是一种常见的折法。有的企业想让折页的设计出众，可能根根其特点在表现形式上进行模切、特殊工艺等来体现折页的独特性，进而增加消费者的印象。鉴于折页广告的折面灵活多变，故要求设计者要有较强的空间立体感。

知识 7.4　折页广告的设计原则

在确定了的新颖别致、美观、实用的开本和折叠方式的基础上，折页广告封面（包括封底）要抓住商品的特点，运用逼真的摄影或其他形式和牌名、商标、及企业名称、联系地址等，以定位的方式、艺术的表现，吸引消费者；而内页的设计要详细地反应商品方面的内容，并且做到图文并茂。封面形象需色彩强烈而显目；内页色彩相对柔和便于阅读。对于复杂的图文，要求讲究排列的秩序性，并突出重点。对于众多的张页，可以作统一的大构图。封面、内心要造成形式、内容的连贯性和整体性。统一风格气氛，围绕一个主题。

项目二　显示器折页广告设计

实例 7.1（典型实例）　LC 液晶显示器外页广告

设计效果图如图 7.1 所示。

图 7.1 效果图

创意设计思想：新的视觉，新的感受，更宽的视界，更阔的世界，LC 宽屏液晶显示器，引领视觉革命。这就是这则广告的创意。

  提 示　本例作品参见"作品/第 7 章"目录下的"显示器折页广告——LC 液晶显示器（外页）"，打开的图像素材为"素材/第 7 章"目录下的"显示器 1"，"显示器 2"，"小狗"。

　解题思路

1）用【钢笔】工具和【路径调整】工具等绘制广告的主体轮廓。

2）利用【选择】工具、【移动】工具、图像变换操作、【魔棒】工具、【图层样式】等制作显示器折页广告中的显示器效果及字体效果。

3）利用【选择】工具、【移动】工具、图像变换、图层的混合模式操作等制作折页广告中的图像效果。

4）快速蒙版模式及图像填充功能制作白色圆点渐变效果。

　操作步骤

1. 主体轮廓的制作

1）新建一个 2480×2067 像素，分辨率为 300 像素/英寸的文件，如图 7.2 所示。

2）选择【视图】中的【新参考线】，设置"位置"为 10.5 厘米，如图 7.3 所示。

3）选择【钢笔】工具，画出曲线的路径（注意：我们应该在与"参考线"的交点处增加一个点，以便拖拉出曲线效果），如图 7.4 所示。

图 7.2　设置参数

图 7.3　新参考线

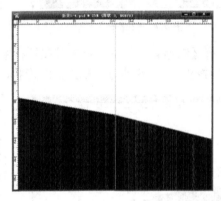

图 7.4　路径

4）改变路径的填充色，选择"形状 1"图层，双击【图层缩览图】图标，在弹出的【拾色器】中选择一种紫红色（颜色参数如图 7.5）。

5）长按【钢笔】工具按钮，在弹出的工具列表中选择【转换点】工具，如图 7.6 所示。

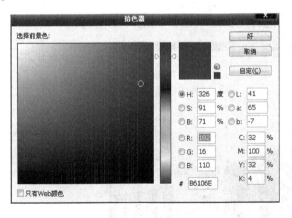

图 7.5　选颜色

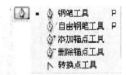

图 7.6　选择工具

6）拖拉与"参考线"的交点，使出现曲线的轮廓如图 7.7、图 7.8 所示。

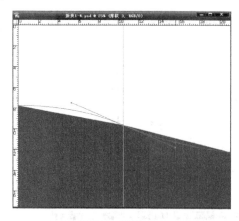

图 7.7　轮廓一　　　　　　　　　　　图 7.8　轮廓二

7）选择【钢笔】工具 ，点击其属性栏中 按钮，使设置为"路径"，画出曲线的大体走向后按步骤 5、6 的方法拖出曲线形状，效果如图 7.9、图 7.10 所示。

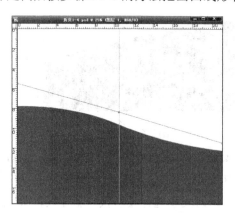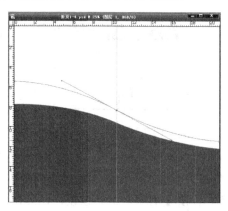

图 7.9　曲线一　　　　　　　　　　　图 7.10　曲线二

8）右击路径，在弹出的菜单中选择【描边路径】，如图 7.11 所示。

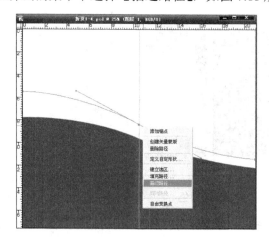

图 7.11　设置

9）在弹出的窗口中选择【画笔】工具，如图 7.12 所示（注意：若想改变描边路径线条的粗细就应在相应工具的属性中预先进行设置）。

10）选择【路径】标签，右击【工作路径】图层，在弹出的菜单中选择【删除路径】，如图 7.13 所示。

图 7.12　选择画笔工具　　　　　　　　图 7.13　选择路径

11）同样方法画出其他的曲线后单击【连接图层】把所有的曲线图层都连接起来，然后选择【图层】、【合并连接图层】，然后将合并后的图层改名为"曲线"，如图 7.14、图 7.15 所示（双击图层中文字即可对图层进行重命名）。

图 7.14　图层一　　　　　　　　　图 7.15　图层二

12）选择工具栏的【快速蒙版】■按钮，然后选择【渐变工具】■从右向左拖出一渐变效果，单击【标准模式编辑】■按钮使刚才建立的渐变效果蒙版将转换为选区，此时按键盘上的 Delete 键删除选区的内容使曲线产生渐隐的效果，如图 7.16 所示。

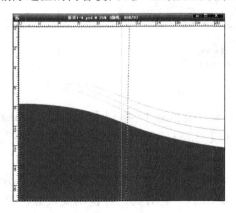

图 7.16　效果

2. 画中画显示器制作

1）打开素材文件夹"显示器 1.png"，选择【矩形】工具，把显示器内的图像选中并按键盘上的 Delete 键把它删除，效果如图 7.17、图 7.18 所示。

2）使用快捷键 Ctrl+A 键全选显示器，然后再按 Ctrl+C 键把整个显示器复制，选择"折页 1-4.psd"文件，按 Ctrl+V 键把显示器粘贴到上面，并把该图层改名为"显示器 1"。

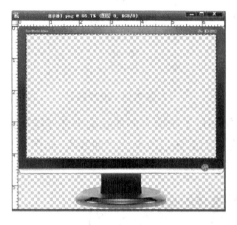

图 7.17　效果一

图 7.18　效果二

3）打开素材文件夹"小狗.jpg"，按上一步骤的方法把小狗的图片粘贴到"折页 1-4.psd"文件中，并把图层改名为"小狗"；调整图层的位置，使"显示器 1"图层位于"小狗"图层的上面，如图 7.19、图 7.20 所示。

图 7.19　小狗

图 7.20　设置

4）按住鼠标左键把图层"显示器 1"拖到【新建图层】按钮上放开，复制出"显示器 1 副本"图层，并选择【移动】工具将其移动到旁边以便操作，如图 7.21、图 7.22 所示。

5）选择【矩形】工具把"显示器 1 副本"图层中的显示器底座选中并按键盘上的 Delete 键删除，然后按 Ctrl+T 键对其进行自由变换参考值，如图 7.23 所示。

图 7.21　设置

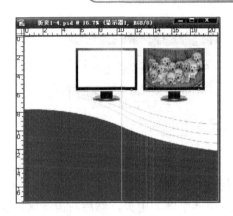

图 7.22　操作

图 7.23　参考值

6）选择【移动】工具将"显示器 1 副本"移动到显示器中央，制造出画中画的效果，如图 7.24 所示。

图 7.24　效果图

3. LOGO 制作

1）单击图层面板中【创建新组】按钮，并将新建的组命名为"标志"，然后再单击【创建新图层】按钮在"标志"组内新建一图层命名为"圆"，如图 7.25 所示。

2）选择【椭圆】工具，在图层"圆"上按住键盘 Shift 键并用鼠标拖出一个正圆选区，然后设置前景为紫红色，并按 Alt+Delete 键进行填充，如图 7.26 所示。

图 7.25　新图层命名

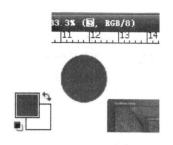

图 7.26　填色

3）再新建一图层命名为"C"，选择【椭圆】工具在图层上画一个小正圆选区，并将其移动到第一个圆的中央，然后右击选区，在弹出的菜单中选择【描边】，宽度设置为 10 像素，颜色为白色，如图 7.27、图 7.28 所示。

图 7.27　设置参数

图 7.28　选择命令

4）选择【矩形】工具在白色圆环的右侧拉出一矩形选区，然后按 Delete 键删除右侧圆环，使之造出字母"C"的形状，如图 7.29 所示。

5）选择【文字】工具，设置字体为黑体，字体大小为 30 点，颜色为白色，在圆的中央处输入字母"L"并调整位置。同样的方法把字体大小改为 50 点，颜色为灰色，在旁边输入字母"LC"并调整位置，如图 7.30 所示。

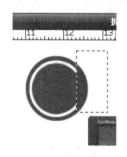

图 7.29　造字母

图 7.30　调整

4. 背景图像制作

1）新建一个 47×47 像素，分辨率为 300，背景为白色的文件，如图 7.31 所示。

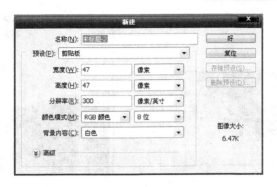

图 7.31　设置参数

2）选择【椭圆】工具并按 Shift 键拖出一个正圆，填充"折页 1-4"文件中的紫红色，然后选择【图像】、【修整】按图 7.32 的设置单击【确定】。

3）选择【编辑】、【定义图案】，按默认名称单击【好】按钮，如图 7.33 所示。

图 7.32　确定　　　　　　　　　　　　　图 7.33　命名

4）返回"折页 1-4"文件，新建一个图层并命名为"网格"，单击【快速蒙版】按钮，然后单击【渐变】按钮，随意在文件上右击弹出样式表，选择【从前景到透明】，并从文件的左下角往右上角拖动到适当位置建立蒙版，单击【标准模式】按钮建立选区，按 Ctrl+Shift+I 组合键进行反选，如图 7.34、图 7.35 所示。

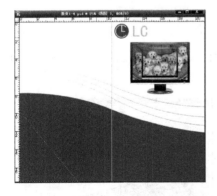　

图 7.34　区域　　　　　　　　　　　　　图 7.35　反选

5）选择【编辑】、【填充】，内容选择使用"图案"，然后【自定图案】选择之前我们定义的图案 1，确定后按 Ctrl+D 键取消选区，如图 7.36、图 7.37 所示。

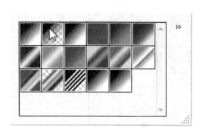

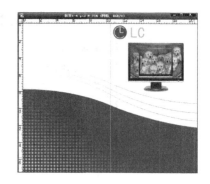

图 7.36　图案　　　　　　　　　　　图 7.37　填充

6）打开"素材/第 7 章"目录下的"显示器 2.PNG"，然后按 Ctrl+A 键进行全选，再按 Ctrl+C 键进行复制，把它粘贴到"折页 1-4"文件中，用【移动】工具 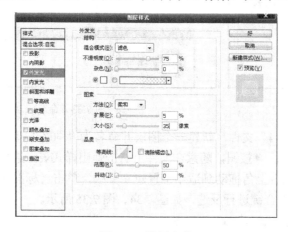 将其放到左边适当位置，并将该图层改名为"显示器 2"。

7）双击【显示器 2】的图层（注意是双击文字以外的空白区域），在弹出的【图层样式】中选择【外发光】，"扩展"为 5%，大小为 35 像素，如图 7.38 所示。

图 7.38　设置参数

8）在图层面板中设置图层的混合模式为【滤色】，"不透明度"为 60%，如图 7.39、图 7.40 所示。

图 7.39　设置　　　　　　　　　　　图 7.40　效果

5.　"16∶9"图示制作

1）单击图层面板中【创建新组】按钮，将新创建的组命名为"尺寸"，并在"尺寸"组内新建一图层命名为"屏幕大小"；选择【矩形】工具，按右边"显示器 1"的屏幕大小画出一矩形选区，并右击选择【描边】，在弹出的窗口中【宽度】设为 3 像素，如图 7.41、图 7.42 所示。

图 7.41　描边　　　　　　　　　　　　图 7.42　命令

2）新建一个名为"框"的图层，用同样的方法画出一个边线宽度为 5 像素的矩形框，与图层【屏幕大小】一同移动到左侧；按 Ctrl+T 键对"框"图层进行自由变换，"W"与"H"都设为 110%，如图 7.43 所示。

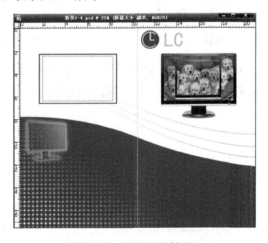

图 7.43　设置后的效果

3）用【矩形】工具把图层"框"的多余线条选中并按 Delete 键将其删除，如图 7.44 所示。

4）选择【直线】工具，将线条粗细设置为 3 像素，在框的左侧拉出一条直线，如图 7.45 所示。

图 7.44　框选　　　　　　　　　图 7.45　拉直线

5）右击生成的形状图层选择【栅格化图层】，如图 7.46 所示，并将其命名为"竖线"，使用【矩形】工具▣在竖线中间拉出一矩形选区，然后按 Delete 键删除竖线的中间部位，如图 7.47 所示，最后使用【直排文字】工具输入 720；使用同样的方法制作底部的横线及数字，效果如图 7.48 所示。

图 7.46　设置

图 7.47　删除线

6）新建一个名为"渐变"的图层，选择【矩形】工具▣画出一矩形选区，然后右击鼠标选择【羽化】，羽化半径输入 15 像素，如图 7.49 所示。

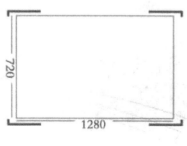

图 7.48　效果

图 7.49　命令

7）选择【渐变】工具▣点击编辑渐变，在色带中间点击添加一个色标，然后点击更改色标颜色，选择一淡黄色，同样方法设置右边的色标颜色为土黄色，如图 7.50 所示，确定后在选区内从左往右拖出一渐变，如图 7.51 所示。

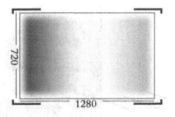

图 7.50　颜色　　　　　　　　　　图 7.51　渐变

8）选择【文字】工具，大小设为 50，输入"16:9"字样，效果如图 7.52 所示。

图 7.52　设置

9）继续使用【文字】工具，按图 7.53 的设置输入广告词，效果如图 7.54 所示。

图 7.53　设置

10）双击"LC"图层调出【图层样式】，按如图 7.55 的设置生成效果。

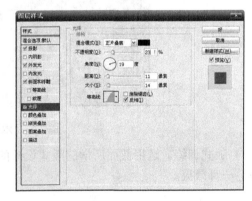

图 7.54　效果图　　　　　　　　　图 7.55　设置

11）右击【LC】图层，选择【拷贝图层样式】，然后在另外两个图层分别右击【粘贴图层样式】，完成效果如图 7.56 所示。

图 7.56　完成效果

 同步练习

1）完成本节的实例 7.1 典型实例上机练习。

2）色彩训练。运用前面所学的色彩知识，对实例 7.1 中的背景色、图形颜色及文字颜色进行适当修改，做成蓝色的设计效果，如图 7.57 所示。

图 7.57　效果图

3）版式训练。运用前面所学的版式设计的知识，对实例 7.1 中有关图形进行修改，做成另一种效果。

 思考与探索

1）收集至少 3 张折页广告，贴在作业簿上。

2）留心观察折页广告的设计特点与设计风格，并把它们写在作业簿上。

实例 7.2（提高实例） LC 液晶显示器内页广告

由于折页广告有内外页之分，故在上节制作的 LC 液晶显示器外页的基础上制作出图 7.58 所示的液晶显示器内页广告。

图 7.58 广告

创意设计思想：根据折页广告的设计原则，折页的内页设计要详细地反应商品方面的内容，并且做到图文并茂。我们可以根据产品的特点加以表现突出显示器的卖点。

 提 示　本例作品参见"作品/第 7 章/显示器折页广告——LC 液晶显示器(内页).jpg"，打开的图像素材为"素材/第 7 章"目录下的显示器 3"、"显示器 4" 和"画面效果 4"等。

 解题思路

1）利用【矩形】工具及【渐变】工具制作出灰色渐变的广告头区域。

2）将显示器图片复制到文件中，并通过【自由变换】及【快速蒙版】制作出显示器倒影效果。

3）利用【色相/饱和度】、【曲线】等调节各种画面的色调及光暗效果，利用【矩形】工具、【渐变】工具及【文字】工具制作出标语条的效果。

4）利用【矩形】工具、【渐变】工具、【钢笔】工具及【羽化效果】工具做出水晶球效果。

5）通过【旋转扭曲】的滤镜效果制作出漩涡效果。

 操作步骤

1）与实例 7.1 一样新建一个分辨率为 300 像素/英寸的文件。

2）利用【矩形】工具及【渐变】工具制作出灰色渐变的广告头区域，并打开图片"显示器3"、"显示器4"，通过【自由变换】及【快速蒙版】制作出显示器倒影效果，如图7.59所示。

图7.59　倒影

3）再次利用【矩形】工具及【渐变】工具及【文字】工具制作出标语条，如图7.60所示。

图7.60　标语条

4）打开素材"画面效果1，画面效果2，画面效果3"，并通过【曲线】(【图像】、【调整】、【曲线】)，【模糊】(【滤镜】、【模糊】、【模糊】)调整副本图层的亮度和模糊，使之做出相应对立的不同效果，并使用【文字】工具输入文字，效果如图7.61所示。

图7.61　输入文字

5）同样方法，打开素材文件夹里的"画面效果4"的图片，使用【色相/饱和度】(【图像】、【调整】、【色相/饱和度】)调节出不同色温的三张图片，然后再使用【文字】工具输入文字。

6）新建一个图层并命名为"旋风"，选择【画笔】工具，设置笔触为"200 柔角"，然后用【拾色器】选择颜色为宝石蓝，再以画布的中心为中心画出一个"十"字形，如图 7.62 所示。

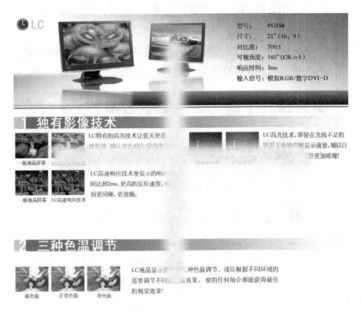

图 7.62　效果

7）选择【滤镜】、【扭曲】、【旋转扭曲】，输入角度为 800 度，确定后效果如图 7.63 所示。

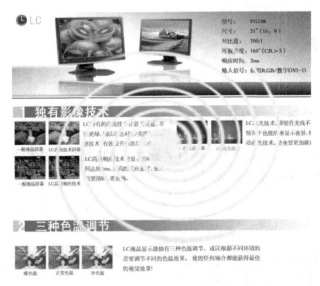

图 7.63　效果图

8）利用【矩形】工具、【渐变】工具、【钢笔】工具及【羽化效果】工具做出水晶球效果，并通过【自由变换】调整上一步所做的旋风大小，完成后效果如图 7.64 所示。

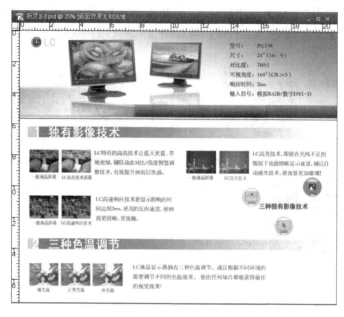

图 7.64　完成后效果

 同步练习

1）完成本节的实例 7.2 的实例上机练习。
2）色彩训练。运用前面所学的色彩知识，对实例 7.2 中的背景色、图形颜色及文字颜色进行修改，做成另一种效果。

 思考与探索

请你总结一下显示器折页广告的特色。

实例 7.3（拓展实例）　显示器折页广告

根据"素材/第 7 章/拓展练习"中有关折页广告拓展练习中的图片素材文件，选择自己需要的，设计一幅显示器折页广告。

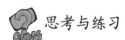 思考与练习

1）请在作业簿中写出你的广告创意。
2）在电脑中把广告效果做出来。

项目三　其他报纸广告设计

实例 7.4（典型实例）　楼盘折页广告 1

设计效果图如图 7.65 所示。

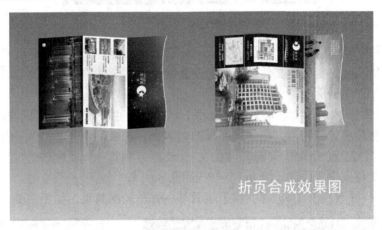

图 7.65　效果图

创意设计思想：重返自然，与星月同行，尽情享受一个属于你的家——星月湾，一个贴近自然，环境舒适，设施完善的成熟社区。

 提　示　本例作品参见"作品/第 7 章"目录下"楼盘折页广告"，素材参见"素材/第 7 章"目录下的"夜景.jpg"、"星空.jpg"、"傍晚.jpg"和"楼.jpg"、"楼盘环境.jpg"等图片。

 **解题思路**

作为一个房地产折页广告应该以艳丽的图片为主，以最直接的方式表现出该楼盘的优势。本次制作的折页广告以三折页（共六面）的形式向消费者展现楼盘的卖点。由于整个广告有宽 21cm，高 33.5cm，再加上真正印刷要求 300 像素/英寸以上分辨率，为了方便制作，我们将其分成 6 个面，并将分辨率降为 150 像素/英寸进行制作，最后再续一合成。

由于此次制作的折页广告是属于弧形折页广告，为了制作时方便观察整体效果首先将底页，外页的第三页（即 3-1 页）的图片与第一页（即 1-1 页）的弧形页一起制作。

1）外页第一页封面（即 1-1 页）制作：新建一个宽度为 21 厘米，高度为 10.5 厘米，分辨率为 150 的文件，并将素材中的"夜景.jpg"、"星空.jpg"复制到文件中，通过【钢笔】工具、【多边形】工具等制作出封面的效果，如图 7.66 所示。

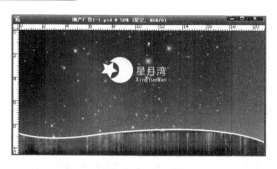

图 7.66　封面

2）内页第一页（即 1-2）制作：按上一步骤操作新建一个文件，并将素材中的"傍晚.jpg"和"楼.jpg"复制到文件中，并通过复制外页第一页的弧形效果，制作出内页第一页效果，如图 7.67 所示。

3）内页第二、三页（即第 2-2、3-2 页）的制作：由于这两页是属于折页的内页，并且考虑到楼盘广告的特点，故将这两页的内容合并起来，鲜明地突出广告的对象。下面新建一个 21*21 厘米，150 像素/英寸的文件，然后复制第一步所制作的"星月湾"LOGO 并打开素材文件夹中"楼盘环境.jpg"、"平面图.jpg"和"地图.jpg"文件，使用【魔棒】、【渐变】工具、【直线】工具、【文字】工具等制作出轮廓效果，如图 7.68 所示。

图 7.67　第一页

图 7.68　大体效果

4）路径文字的制作：通过右击文字弹出的菜单中选择【转换为形状】选项，并利用【直接选择】工具、【文字】工具制作出路径文字，如图 7.69、图 7.70、图 7.71 所示。

图 7.69　转换

图 7.70　中间效果

5）通过【自由变换】、【文字】、【直线】工具进行调整后完成效果，如图 7.71 所示。

图 7.71 加文字后内页完成效果

6）封底（即 2-1 页），由于这一页属于折叠后的底页，为了让消费者更直观了解楼盘，所以这一页的制作主要是以不同角度的剪影形式去突出楼盘的环境，下面我们按第 1）步的操作新建一个文件，并打开素材中的"全景图.jpg"、"社区环境.jpg"、"会所.jpg"、"室内环境.jpg"，通过【矩形】、【文字】、【直线】工具等制作出图 7.72 的效果。

7）外页的第三页（即 3-1 页），由于此页作为折叠后的被遮盖页，故只需按第一步的操作新建一个文件，然后打开素材中的"夜景.jpg"，利用【自由变换】进行调整便完成，如图 7.73 所示。

图 7.72 封底

图 7.73 第三页

 思考与探索

1）收集几幅有关楼盘的折页广告，贴在作业簿上。

2）比较一下显示器折页广告和楼盘折页广告在设计上有什么不同。

实例 7.5（拓展实例） 楼盘折页广告 2

根据"素材/第 7 章/素材"中有关楼盘拓展练习的图片素材文件，选择自己需要的，设计一幅楼盘折页广告。

 拓展实例

1）请在作业簿中写出你的广告创意。

2）在电脑中把广告效果做出来。

本章习题

一、选择题

1. 在 Photoshop 中打印图像文件之前，一般需要（　　）。

　A．对图像文件进行【页面设置】操作

　B．对图像文件进行【裁切】操作

　C．对图像文件进行【打印预览】操作

　D．对图像文件进行【修整】操作

2. 以下选项中错误的是（　　）。

　A．形状图层中的对象放大任意倍数后仍不会失真

　B．路径放大一定的倍数后将呈一定程度的失真

　C．路径中路径段的曲率与长度可被任意修改

D．理论上，使用【钢笔】工具可以绘制任意形状的路径

3．当要确认裁切范围时，需要在裁切框中双击鼠标或按（　　）键。

A．Return　　　　B．Esc　　　　　C．Tab　　　　　D．Shift

4．对【裁切】工具描述正确的是（　　）（请选择两个答案）。

A．【裁切】工具可以将所选区域裁掉，而保留裁切框以外的区域

B．裁切后的图像大小改变了，分辨率也会随之改变

C．裁切时可随意旋转裁切框

D．要取消裁切操作可按 Esc 键

5．（　　）选项可以生成选区。

A．色彩平衡　　　B．色彩范围　　C．可选颜色　　　D．替换颜色

6．下列关于通道的操作中错误的有（　　）。

A．通道可以被分离与合并　　　　B．Alpha 通道可以被重命名

C．通道可以被复制与删除　　　　D．复合通道可以被重命名

7．按住（　　）键，单击 Alpha 通道可将其对应的选择区载入到图像中。

A．Ctrl　　　　　B．Shift　　　　C．Alt　　　　　D．End

8．（　　）的选项调板中有【湿边】选项。

A．【喷枪】工具　　B．【铅笔】工具　C．【橡皮图章】工具　D．【橡皮】工具

9．对喷枪工具描述正确的是（　　）（请选择两个答案）。

A．【喷枪】工具喷出的颜色为工具箱中的背景色

B．【喷枪】工具选项调板中喷枪压力选项可直接输入数值

C．压力选项中输入数值越大喷枪的颜色越深

D．喷枪中的光笔选项是不能使用的

10．按住（　　）键，单击 Alpha 通道可将其对应的选择区载入到图像中。

A．Ctrl　　　　　B．Shift　　　　C．Alt　　　　　D．End

二、填空题

1．Photoshop 中常用的图层类型包括普通图层、_____、_____、_____和效果图层 5 种。

2．单击图层面板底部的按钮_____，可以快速新建一个空白图层。

3．在 Photoshop 中，合拼图层的命令主要有_____，_____，拼合图层三个命令。

4．对于一幅 CMYK 模式的图像，它共有 CMYK 通道、青色通道、_____、_____与_____等五个通道，其中"CMYK"被称为_____通道，而"青色"称为_____通道。

5．在 Photoshop 中，对一幅 RGB 模式的图像_____使用所有的滤镜命令；而一幅 CMKY 模式的图像则_____使用所有的滤镜命令（填写"可以"或者"不可以"）

6．在【通道】面板中，单击_____按钮可将图像画布中的选择区转换为 Alpha 通道，单击_____按钮可将某个 Alpha 通道对应的选择区载入到图像的画布中。

7．在 Photoshop 中，显示或隐藏【图层】面板的快捷键是_____，新建普通图层的快捷键是_____。

8．在 Photoshop 中，交换当前的前景色与背景色的快捷键是_____。

9．图像的色调是指图像的_____，色调依照色阶的明暗层次可以划分为高色调、_____和_____。

10．对于需要印刷的图像作品，必须使用_____颜色模式。

读书笔记

_____

_____

_____

_____

_____

_____

_____

_____

_____

_____

_____

附　　录

取消当前命令：Esc
工具选项板：Enter
选项板调整：Shift＋Tab
恢复到上一步：Ctrl＋Z

获取帮助：F1
剪切选择区：F2 / Ctrl＋X
拷贝选择区：F3 / Ctrl＋C
粘贴选择区：F4 / Ctrl＋V

显示或关闭画笔选项板：F5
显示或关闭颜色选项板：F6
显示或关闭图层选项板：F7
显示或关闭信息选项板：F8
显示或关闭动作选项板：F9
显示或关闭选项板、状态栏和工具箱：Tab

全选：Ctrl＋A
反选：Shift＋Ctrl＋I
取消选择区：Ctrl＋D
选择区域移动：方向键
将图层转换为选择区：Ctrl＋单击工作图层
选择区域以 10 个像素为单位移动：Shift＋方向键
复制选择区域：Alt＋方向键

填充为前景色：Alt＋Delete
填充为背景色：Ctrl＋Delete

调整色阶工具：Ctrl＋L
调整色彩平衡：Ctrl＋B
调节色调/饱和度：Ctrl＋U
自由变形：Ctrl＋T

增大笔头大小：右边的"中括号"
减小笔头大小：左边的"中括号"
选择最大笔头：Shift＋右边的"中括号"
选择最小笔头：Shift＋左边的"中括号"
重复使用滤镜：Ctrl＋F

移至上一图层：Ctrl＋"中括号"
排至下一图层：Ctrl＋"中括号"
移至最前图层：Shift＋Ctrl＋"中括号"
移至最底图层：Shift＋Ctrl＋"中括号"
激活上一图层：Alt＋"中括号"
激活下一图层：Alt＋"中括号"
合并可见图层：Shift＋Ctrl＋E

放大视窗：Ctrl＋"＋"
缩小视窗：Ctrl＋"－"
放大局部：Ctrl＋空格键＋鼠标单击
缩小局部：Alt＋空格键＋鼠标单击
翻屏查看：PageUp/PageDown

显示或隐藏标尺：Ctrl＋R
显示或隐藏虚线：Ctrl＋H
显示或隐藏网格：Ctrl＋"

打开文件：Ctrl＋O
退出系统：Ctrl＋Q
关闭文件：Ctrl＋W
文件存盘：Ctrl＋S
打印文件：Ctrl＋P